Kerstin Viering • Roland Knauer

BÄREN

ALLTAG AUF VIER TATZEN

Das geheime Leben der Bären in Europa

Kerstin Viering und Dr. Roland Knauer sind Biologen und arbeiten als Wissenschaftsjournalisten für verschiedene bekannte Tageszeitungen, Magazine und Verlage, aber auch Pressestellen, Hörfunk und öffentliche Verwaltungen. Mit ihren zahlreichen Büchern, Beiträgen und Bildern zu den Themenfeldern Natur und Tierwelt begeistern sie einen großen Leserkreis. Ihre gemeinsamen Reisen und Recherchen zu den Tieren dieser Welt führten sie bis in die hintersten Winkel dieser Erde.

www.naturejournalism.com

EUROPA – HIER STEPPT DER BÄR!

Kraftstrotzende Riesen im Zottelpelz, die unbekümmert über Straßen trotten, ohne den Verkehr auch nur eines Blickes zu würdigen. Langfinger auf vier Tatzen, die mit mächtigen Krallen versuchen, ob man ein Auto auch ohne Schlüssel aufbekommt. Geschickte Fischer, die sich mit vollem Einsatz in rauschende Flüsse werfen, um mit stattlichem Fang im Maul wieder ans Ufer zu kommen. Und quirlige, braune Wollknäuel, den Kopf stets voller Unsinn …

Jeder kennt die beeindruckenden Bilder von einem der imposantesten Tiere, cie heute unsere Erde bevölkern. Meist sind es Braunbären aus den Weiten Kanadas, Alaskas oder Sibiriens, die in solchen Szenen die Hauptrolle spielen. Im dicht besiedelten Europa schien für Nachbarn von solcher Größe dagegen lange kein Platz mehr zu sein. Jahrhundertelang wurden sie gnadenlos abgeschossen und vielerorts ausgerottet. Doch die Zeiten ändern sich. In einigen Regionen haben sie es trotz aller Schwierigkeiten geschafft, sich in der Nähe der Menschen zu behaupten. Und sie machen sich sogar daran, einen Teil ihres ehemaligen Lebensraums zurückzuerobern. Es lohnt sich, diese neuen, alten Nachbarn auf vier Tatzen kennenzulernen. Denn das geheime Leben von Europas Braunbären steckt voller Überraschungen!

INHALT

ÜBERLEBENS-KÜNSTLER

Während Braunbären typische Einzelgänger sind, waren die viel größeren Höhlenbären echte Familientiere. Dieses Leben im Clan der eigenen Sippe sollte ihnen zum Verhängnis werden. Ein klein wenig aber haben die Höhlenbären der Eiszeit in den heutigen Braunbären überlebt.

Leben auf der Schwäbischen Alb

Langsam tappt der massige Braunbär das grüne Tal in der Schwäbischen Alb hinauf, das er in den letzten Wochen und Monaten so oft durchstreift hat. Eilig hat er es nicht, liegt doch ein Jahr hinter ihm, an das er sich gern erinnert. Nach dem langen Winterschlaf konnte er sich im Frühjahr den Bauch mit Wild vollschlagen, das die kalte Jahreszeit nicht überlebt hatte. Die Begegnung mit der Bärin aus dem Nachbartal im Frühsommer war zwar kurz, aber umso intensiver gewesen. Gut möglich, dass er im kommenden Frühjahr Vater von zwei oder drei munteren Bärenjungen sein wird. Später im Jahr fiel die Ernte von Nüssen, Früchten und vor allem Beeren so üppig aus, dass jetzt ein gehöriger Vorrat an Winterspeck auf seinen Rippen sitzt. Der sollte mehr als ausreichen, um die kalte Jahreszeit gut zu überstehen. Jetzt fehlt zum höchsten Bärenglück nur noch ein kuscheliges Bett für den Winterschlaf. Aber das sollte sich finden lassen, hat doch der zottelige braune Riese keine allzu großen Ansprüche an sein Quartier.

Einzelzimmer oder Schlafsaal?

Das sieht bei dem Kollegen schon anders aus, der nur wenige Hundert Meter entfernt den Hang rechts vor ihm erklimmt. Dieser Bär ist erheblich größer, sein Schädel wirkt geradezu gigantisch. Angst hat der Braunbär aber keine. Denn so furchterregend der Höhlenbär auch aussehen mag, tut er doch keiner Fliege etwas zuleide, solange man ihn in Ruhe lässt. Und das hat der Braunbär auch vor. Denn er weiß genau: Von Einzelzimmern, die Braunbären heiß und innig lieben, halten Höhlenbären wenig. Diese Giganten schlafen lieber in großen Unterkünften mit ihrer gesamten Verwandtschaft.

Für einen Braunbären ist das eine grauenhafte Vorstellung. Ihm genügt ein Baumriese, den der letzte Herbststurm gefällt hat. Unter dessen aus der Erde gerissenem Wurzelwerk kann man sich doch wunderschön und vor allem allein und ungestört zusammenkuscheln. Bald wird Schnee fallen, der eine wärmende Decke über der Bärenhöhle aus Wurzelgeflecht bildet. Und dann kann man den ganzen Winter lang vor sich hindösen und von seinem Winterspeck zehren, ohne dass irgendwelche Nachbarn die herrliche Ruhe mit einem verschlafenen Grunzen stören. Der Braunbär ahnt vermutlich nicht, dass seine Vorliebe für Einzelzimmer nicht nur ihm, sondern seiner ganzen Sippe und seiner gesamten Art das Leben retten wird. Den Schlafplatz unter einer Baumwurzel wird ihm wohl niemand streitig machen.

Beim Familienquartier des Höhlenbären aber sieht das anders aus. Noch ist der massige Riese bester Laune, als er vollgefressen und mit reichlich Winterspeck auf den Rippen wie jeden Herbst zu der Unterkunft auf der Schwäbischen Alb trottet, in der er einst als winziges Bärchen das Halbdunkel der Höhlenwelt erblickt hatte. Gemeinsam mit dem Rest seiner Familie will das Tier dort übernachten. Drinnen aber wartet eine böse Überraschung: Seit dem vergangenen Frühjahr haben sich dort Menschen eingenistet, gegen deren Speere Bären schlechte Karten haben.

Tatsächlich werden Archäologen etliche Jahrtausende später in der Höhle „Hohler Fels" bei Schelklingen auf der Schwäbischen Alb im Brustwirbel eines Höhlenbären die Spitze eines Projektils finden. Seither fragen sich die Forscher, weshalb der letzte Höhlenbär vor rund 24 000 Jahren irgendwo auf der Schwäbischen oder Fränkischen Alb, vielleicht auch im heutigen Spanien oder in der Steiermark für immer die Augen schloss. In seinen letzten Sekunden hat er sich vielleicht noch einmal an die langen Winternächte im vertrauten Kreis seiner längst verschwundenen Familie erinnert. Mit seinem letzten Atemzug aber verschwinden die Höhlenbären im Dunkeln der Geschichte, während die nahe verwandten Braunbären noch heute durch die Wälder Europas streifen. Warum haben die Einzelgänger überlebt, während die Familientiere verschwanden? Und weshalb gibt es in der Natur Europas heute nur noch Braunbären, während sie sich mehr als eine Million Jahre lang den europäischen Kontinent wohl sehr friedlich mit den massigen Höhlenbären teilten?

Noch heute mustern sich Bären bei einer zufälligen Begegnung erst einmal neugierig. Zumeist gehen sie dann ohne ein freundliches Brummen oder aggressive Drohungen wieder ihre eigenen Wege.

Ihr ausgeprägtes Familienleben wurde den Höhlenbären schließlich zum Verhängnis: Von diesen imposanten Tieren gibt es heute nur noch Skelettfunde.

Tod in der Höhle

Nach 27800 Jahren konnten Wissenschaftler einen Todesfall in der Karsthöhle Hohler Fels im Tal der Schelklinger Ach direkt am Fuß der Schwäbischen Alb aufklären. Im Wirbelknochen des verstorbenen Höhlenbären steckte eine Speerspitze aus Stein. Damit waren Steinzeitjäger als Täter entlarvt.

Verräterisches Erbgut

Verblüffende Antworten auf diese Fragen finden Axel Barlow und Michael Hofreiter von der Potsdamer Universität im uralten Erbgut der vor vielen Jahrtausenden verstorbenen Tiere. Die Analyse dieser Erbsubstanz beweist, dass zum Beispiel in der Geißenklösterle-Höhle bei Blaubeuren vor 43 000 Jahren nahe miteinander verwandte Höhlenbären ihre Winter verbrachten. Diese Sippe aber blieb mehr als 10 000 Jahre immer in der gleichen Höhle, die jüngsten untersuchten Knochen waren gerade einmal 32 000 Jahre alt. Danach wurde die Höhlenbärenfamilie von einem anderen Clan abgelöst, dessen Erbgut Michael Hofreiter in der Zeit vor 32 000 bis 29 000 Jahren in der Geißenklösterle-Höhle nachweist. Solche Bärendynastien übertreffen die der Menschen offensichtlich bei Weitem: Selbst Herrschaftsgeschlechter wie die der Pharaonen oder Frankenkönige hielten sich früher allenfalls wenige Jahrhunderte am gleichen Ort, heute sind solche Traditionen weitgehend verschwunden.

Auch in vier Höhlen im Norden des heutigen Spanien lebte demnach über fünf Jahrtausende hinweg vor 45 000 bis vor 40 000 Jahren immer die gleiche Höhlenbärenfamilie. Diese Tiere scheinen also großen Wert auf Tradition gelegt zu haben. Offensichtlich kehrten sie immer wieder in die Höhle zurück, in der sie zur Welt gekommen waren. Damit auch alle Verwandten unterkamen, buddelten sie in einigen Höhlen ihre Schlafkuhlen direkt nebeneinander.

Als dann Menschen die gleichen Höhlen beschlagnahmten, waren sie mit ihren Speeren jedem Gegner auf vier Tatzen deutlich überlegen. Braunbären konnten dieser neuen Konkurrenz ausweichen und überleben bis heute. Die Weibchen der Höhlenbären aber waren auf die eine Höhle angewiesen, in der sie selbst zur Welt gekommen waren. Sie wollten und konnten ihre angestammte Heimat einfach nicht verlassen. Die neuen menschlichen Bewohner zerstörten somit Höhle für Höhle eine jahrtausendealte Bärentradition, bis die Höhlenbären vor etwa 24 000 Jahren ausgestorben waren.

So dürften die Höhlenbären ausgesehen haben, von denen es heute nur noch Skelette wie dieses in der Katharinenhöhle im Mährischen Karst in Tschechien gibt.

Haben Höhlenbären überlebt?

Und doch haben sie überlebt. Zumindest ein klein wenig: Als der Braunbär auf der Schwäbischen Alb auf der Suche nach einem Einzelzimmer für den Winterurlaub das grüne Tal hinaufschreitet, hat er vor dem großen und viel stärkeren Höhlenbären nicht nur deshalb keine Angst, weil diese Giganten sich schon bei früheren Begegnungen trotz ihrer Überlegenheit äußerst friedfertig verhalten haben. Da ist noch mehr. Er fühlt sich mit dem Riesen ähnlich stark verbunden wie mit seinem Zwillingsbruder, mit dem er seine ganze Jugendzeit verbracht hat. Und sein Gefühl trügt den Braunbären tatsächlich nicht. Schließlich ist einer seiner Urgroßväter einst ein ähnlicher Prachtkerl gewesen wie der massige Kollege vor seiner Nase.

So wichtig die engen Familienbande in Höhlenbärkreisen auch sind: Seine Partnerin sucht ein Bärenmann doch lieber außerhalb der nächsten Verwandtschaft. Dummerweise aber war damals der Markt der paarungswilligen Höhlenbärinnen wie leer gefegt. Fast hätte der Urgroßvater die Suche damals schon aufgegeben, als er drüben im Nachbartal unverhofft doch noch eine junge Bärin traf. Zwar war seine Zufallsbegegnung ziemlich schmächtig, so wie es Braunbärinnen eben sind, aber ähnlich wie der Urgroßvater kein Glück bei den Höhlenbärinnen gehabt hatte, war ihr auch kein Braunbärenmann begegnet. Und beide wollten kein weiteres Jahr bis zur nächsten Heiratsbörse warten. Sie fackelten also nicht lange, und ein paar Monate später wurden kleine Bärchen geboren, die während dieser Begegnung zwischen zwei Arten entstanden waren.

Eine davon war die Großmutter des Braunbären, der viele Jahre später im grünen Tal sein Einzelzimmer sucht. Als es um ihren eigenen Nachwuchs ging, hatte sie ein Stelldichein mit einem Braunbären, die gemeinsame Tochter war also nur noch zu einem Viertel Höhlenbärin. Und auch sie ließ sich einige Jahre später wieder mit einem Braunbären ein. Ihr Sohn war also nur noch ein Achtel Höhlenbär. Und doch schlummert in ihm noch ein Teil des Erbes dieser großen Verwandtschaft.

Ein klein wenig Überleben

Solche Familiengeschichten waren zwar keineswegs häufig, kamen aber wohl mehr als einmal vor. Möglich waren sie, weil beide Arten zwar bereits seit rund 1,5 Millionen Jahren eigene Wege gingen, sich auf diesen Wegen allerdings immer wieder trafen. Braunbären leben heute, ähnlich wie in der Eiszeit, in vielen Regionen von Europa, Asien und Nordamerika. Im Norden Europas werden sie bis zu 250 Kilogramm schwer, während im Süden des Kontinents ein lockeres Dolce Vita auch 70 Kilogramm schweren Braunbären ein gesundes Leben erlaubt. Auf ihrem Speiseplan stehen überwiegend Pflanzen – von Gräsern bis zu Nüssen und im Herbst vor allem Beeren. Fleisch kommt eher selten ins Maul, meist erwischen sie nur kleinere Tiere oder begnügen sich mit Aas.

Die Höhlenbären dagegen ernährten sich eher wie eine Kuh und waren echte Vegetarier. Sie waren auch erheblich größer als ihre Braunbären-Verwandtschaft, übertrafen selbst die größten heute lebenden Bären – die riesigen Eisbären – deutlich und hatten einen auffallend massigen Schädel. Und sie waren überzeugte Europäer. Höhlenbärenknochen tauchen vor allem in Höhlen auf der Schwäbischen und Fränkischen Alb auf, werden aber auch im Norden Spaniens, in der Steiermark in Österreich sowie in Polen und Rumänien gefunden. Da in der gleichen Gegend auch Braunbären zu Hause waren, gab es vermutlich öfter einmal Gelegenheiten für intime Begegnungen wie die des Höhlenbären-Urgroßvaters mit der Braunbären-Urgroßmutter auf der Schwäbischen Alb.

Vermutlich wären solche Techtelmechtel für immer verborgen geblieben, wenn sich nicht Michael Hofreiter von der Universität Potsdam und seine Kollegen das Erbgut aus den Knochen längst verstorbener Höhlenbären genauer angeschaut hätten, die vor 34 000 bis 71 000 Jahren im heutigen Österreich, im Norden der Iberischen Halbinsel und im Kaukasus zu Hause waren. Ihre Ergebnisse verglichen die Forscher mit dem Erbgut eines vor 41 000 Jahren im heutigen Burgenland in Österreich verstorbenen Braunbären sowie mit mehreren heute in Georgien, Russland, Slowenien und Spanien lebenden Verwandten. In all diesen Braunbären aber fanden sie ein klein wenig Erbgut von Höhlenbären. Offensichtlich haben die Urzeit-Rendezvous auf der Schwäbischen Alb und anderswo also bis heute ihre Spuren hinterlassen.

Familiendomizil

Höhlenbären waren überzeugte Europäer und verließen die Alte Welt kaum. Den Winter verbrachten sie zusammen mit ihrer ganzen Großfamilie in geräumigen Schlafsälen wie in der Halle dieser Tropfsteinhöhle im rumänischen Siebenbürgen. Auch in vielen anderen Karsthöhlen stoßen Forscher immer wieder auf Knochen von Höhlenbären.

Manchmal steckt in den Knochen von Höhlenbären noch ein wenig Erbgut, in dem Wissenschaftler sogar Hinweise auf das Familienleben der Tiere finden können.

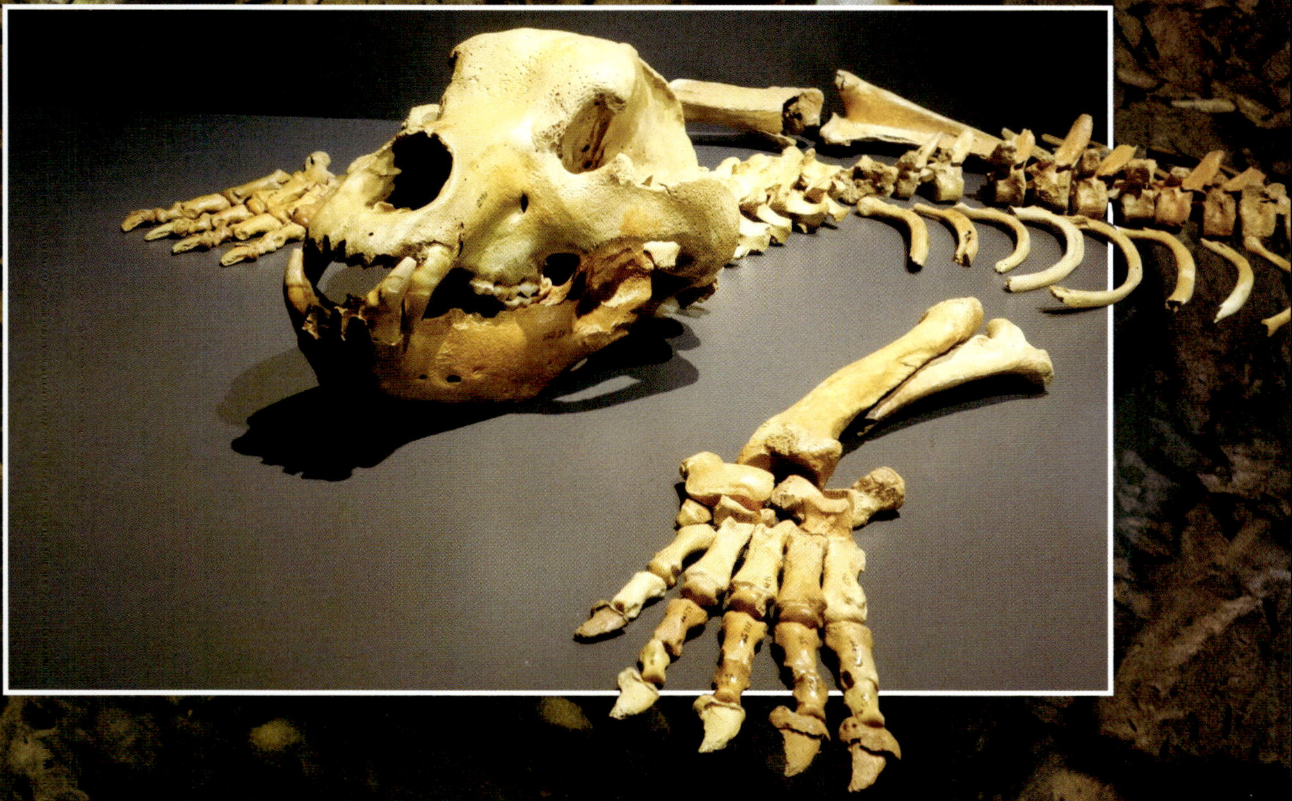

Von Kopf bis Fuß

Der Schädel des ausgestorbenen Höhlenbären ist weit mehr als doppelt so groß wie der eines erwachsenen Menschen und auch viel massiger als der Kopf eines Braunbären. Beim Blick auf das Skelett des Hinterfußes ahnen Betrachter noch heute die gewaltige Kraft, die einst in seiner Tatze steckte.

Stark verdünntes Höhlenbären-Erbgut

Allerdings hat sich das Höhlenbären-Erbgut im Laufe der Jahrtausende und nach langen Wanderungen stark verdünnt. In den Zellen des in der Eiszeit lebenden Braunbären aus dem Burgenland steckten mindestens 2,4 Prozent Höhlenbären-Erbgut, während es ein heutiger Georgier auf vier Tatzen nur noch auf 1,8 Prozent bringt. Seine Artgenossen weiter im Westen Europas begnügen sich im 21. Jahrhundert sogar mit kargen 1,3 bis 1,4 Prozent und in nordamerikanischen und russischen Braunbären findet sich gerade noch ein einziges, karges Prozent des Erbguts der früheren Höhlenbären.

Dabei handelte es sich keineswegs um eine Einbahnstraße: Die Forscher aus Potsdam fanden vielmehr auch im Erbgut der Höhlenbären Einflüsse, die eindeutig auf das Konto von Braunbären gingen. Allerdings wurde die Richtung vom Braun- zum Höhlenbären offensichtlich deutlich seltener als die Gegenrichtung genutzt. Damit leben also einige Nachfahren der Höhlenbären ein ganz klein wenig in den heutigen Braunbären weiter.

Die Forscher kennen einen ganz ähnlichen Vorgang: Auch im Erbgut der heutigen Menschen leben die längst ausgestorbenen Linien der Neandertaler aus Europa und der Denisova-Menschen aus Asien ein wenig fort. Das kann durchaus Vorteile bieten: So steuert im Erbgut der Menschen im Hochland von Tibet eine Erbeigenschaft des Denisova-Menschen die Bildung des Blutfarbstoffs Hämoglobin so, dass der Organismus besser mit dem geringeren Sauerstoffgehalt der Höhenluft zurechtkommt. Welche Vorteile die heutigen Braunbären den ausgestorbenen Höhlenbären verdanken, behalten die Tiere allerdings bisher für sich.

Im Erbgut dieses Braunbären, der die ersten Strahlen der Frühlingssonne genießt, steckt ein kleiner Anteil des Erbguts jenes Höhlenbären, mit dem sich vor vielen Jahrtausenden einer seiner Vorfahren eingelassen hatte.

Das Hin und Her der Eiszeit

Vielleicht kam den Nachkommen des Braunbären mit seinem Höhlenbären-Urgroßvater auf der Schwäbischen Alb ja irgendwann die gute Anpassung der massigen Vegetarier an die Kälte zugute. Schließlich erlebten die Braunbären in Europa eine sehr wechselvolle Klimageschichte, in der einige Male die Thermometer rasch in den Keller sackten. Dann rückten die Gletscher aus Skandinavien weit bis in die Norddeutsche Tiefebene vor und erreichten die Gegend, in der heute die Großstädte Berlin und Hamburg liegen. Auch aus den Alpen wuchsen die Gletscher bis weit in das Vorland – und auf der Schwäbischen Alb wurde es für die Braunbären mit dem Schuss Höhlenbären-Erbgut langsam aber sicher zu kalt.

Nur gut, dass Braunbären vor allem in ihrer Jugend gern Streifzüge machen, auf denen sie etliche Hunderte Kilometer weit wandern und sich dabei nach einer Gegend umschauen, in der sie sich wohl fühlen. So erreichten die Bären aus der Schwäbischen Alb oder aus der Steiermark wohl irgendwann die Iberische Halbinsel, den italienischen Stiefel und die Schluchten des Balkans. Dort war der eisige Hauch der Kaltzeit nur abgemildert zu spüren und die zotteligen Raubtiere konnten mitsamt ihrem Höhlenbären-Erbgut überleben. Als die Gletscher sich etliche Jahrtausende später wieder zurückzogen, konnten die Bären aus Spanien, Italien und dem Balkan dann wieder in ihre alte Heimat zurückwandern.

Diese bewegten Zeiten spiegeln sich auch im Erbgut der Tiere wieder. Da finden sich in den iberischen Braunbären Spuren italienischer Linien. Und selbst das für Rumänien und Schweden typische Braunbären-Erbgut taucht auch auf der Iberischen Halbinsel und in Italien auf. Von dieser wechselvollen Geschichte profitieren die Tiere noch heute: Sie überleben ohne Probleme in so unterschiedlichen Gegenden wie im Land der Rentiere hoch oben im Norden Skandinaviens oder in den Gebirgen Spaniens und Italiens, aber auch auf dem Balkan und in den Bergwäldern der Karpaten.

Eisige Zeiten

Kälte macht einem Braunbären wenig aus, er verschläft einfach die dunkle Jahreszeit. Bis zum Frühjahr zehrt er dann von seinem Fettpolster, das er sich in besseren Zeiten angefressen hat. Als aber die Gletscher der Eiszeiten weit nach Süden vorrückten, reichte der kurze Sommer nicht mehr, um sich genug Vorrat anzulegen, und die Bären wichen vor der Kälte nach Süden aus.

In der Bärenhöhle im äußersten Süden Niederschlesiens lebten vor vielen Jahrtausenden im Glatzer Schneegebirge neben diesem Höhlenbären und seiner Großfamilie auch Höhlenlöwen und Höhlenhyänen.

DER BÄR VON NEBENAN

Es ist nicht ganz leicht für Braunbären, im dicht besiedelten Europa zurechtzukommen. Doch sie sind clever genug, um auch in der Nachbarschaft des Menschen zu überleben und ihren Nachwuchs großzuziehen.

Anpassungskünstler

In den Karpaten und anderen Regionen Europas leben Braunbären heute vor allem in Wäldern. Sie kommen aber auch in vielen anderen Landschaften problemlos zurecht.

Letzte Refugien

Ein schattiger Bergwald in den Karpaten. Das Sonnenlicht flirrt durch das Laub der Buchen, die schon Früchte angesetzt haben. Im Herbst wird der Boden hier übersät mit Bucheckern sein. Ein gefundenes Fressen für den Winter – üppig und nahrhaft. Es wird die Waldbewohner im braunen Fell auch in diesem Jahr wieder über die kalte Jahreszeit bringen. Und auch ansonsten geht es den hiesigen Braunbären noch deutlich besser als ihren Artgenossen in den meisten anderen Regionen Europas.

Denn sie müssen nicht befürchten, auf Schritt und Tritt auf eine Siedlung, einen Acker oder eine Straße zu stoßen. Oder auf Menschen, die ihnen ans Leder wollen. Ihre Nachbarn auf zwei Beinen sind das Zusammenleben mit Raubtieren schließlich seit Jahrhunderten gewöhnt, die meisten sehen es entsprechend undramatisch. Und davon abgesehen gibt es in der Region noch genügend große, zusammenhängende Waldgebiete. Unwegsames Gelände mit sicheren Verstecken, in das sich nur selten jemand verirrt.

Es ist vielleicht nicht ganz das Paradies. Aber doch ein kleines Stück davon. Und das ist schon mehr, als man als europäischer Braunbär heutzutage erwarten kann. Vorbei die Zeiten, in denen der Kontinent voll endloser Wälder war, in denen die großen Raubtiere mit dem Bärenhunger ungestört ihren Geschäften nachgehen konnten. Schon im Mittelalter war das Reich der Bäume massiv geschrumpft, sodass sich auch die Bären zurückziehen mussten. Dorthin, wo ihnen die meisten Menschen nicht folgen mochten. Wo die Berge steil waren und die Landschaft wild und schlecht zu bewirtschaften.

Genau das sind bis heute die Refugien, in denen es noch europäische Braunbären gibt. Ihre Hochburgen liegen in Skandinavien und Russland, in den Karpaten und im Dinarischen Gebirge, das sich von Italien über das ehemalige Jugoslawien bis nach Albanien erstreckt. Kleinere Bestände streifen durch die Pyrenäen und die Alpen, den italienischen Apennin und das Kantabrische Gebirge in Spanien.

Die heimlichen Nachbarn

Natürlich sind auch das keine menschenleeren Regionen mehr. Doch sie bieten genügend Möglichkeiten, um missgünstigen Nachbarn aus dem Weg zu gehen. Was immer eine gute Idee ist. Denn abgesehen von den eigenen Artgenossen haben erwachsene Braunbären in Europa sonst keine ernst zu nehmenden Gegner. Menschen aber können tückisch sein. Und bewaffnet. Wer weiß schon, wie sie reagieren? Vielleicht sind sie nur neugierige Beobachter oder harmlose Spaziergänger. Vielleicht aber auch nicht. Möglichst viel Abstand halten und kein Aufsehen erregen, ist da eigentlich die beste Strategie.

Andererseits sind Bären aber auch Feinschmecker. Und bequem. Da sehen sie es überhaupt nicht ein, sich aus Prinzip immer von Siedlungen und anderer Infrastruktur fernzuhalten. Schließlich kann es durchaus verlockende Gründe geben, dort mal vorbeizuschauen. Zum Beispiel wenn auf einem Maisfeld oder in einem Obstgarten üppige Mahlzeiten warten. Oder wenn es aus den Mülltonnen so unwiderstehlich nach etwas Fressbarem duftet. Man muss dann nur versuchen, sich nicht erwischen zu lassen. Und dafür sind die Tiere clever genug.

Gegnerbeobachtung heißt in solchen Fällen das Zauberwort. Ein Bär, der sich in einem Gebiet gut auskennt, weiß ganz genau, dass von einer Straße oder einem Haus an sich keine Gefahr ausgeht. Kommt er auf seinen Streifzügen dort vorbei, ist er daher nicht unbedingt nervöser oder geheimniskrämerischer als sonst. Gefährlich wird es schließlich nur, wenn er dort auf Menschen trifft. Und ob dieses Risiko besteht, kann er normalerweise recht gut einschätzen.

Hat ein Bär erst einmal Geschmack an Müll gefunden, ist der Ärger vorprogrammiert.

Selbst hinter Blech sind Lebensmittel nicht sicher vor hungrigen Bären. Wenn sie wie hier in Rumänien Fressbares in einem Wagen vermuten, können sie mit ihren kräftigen Krallen durchaus zu erfolgreichen Autoknackern werden.

Auf Dorfbesuch

Ein reich gedeckter Tisch lockt manche Braunbären auch in Siedlungen. Oft gelingt es ihnen dort sehr geschickt, selbst schwer erreichbare Leckerbissen abzustauben.

Tagsüber macht er deshalb meist einen Bogen um Straßen, Siedlungen und Höfe. Schließlich hat er einige Hundert Quadratkilometer Land zur Verfügung, die er regelmäßig durchstreift. Da findet sich bestimmt auch der eine oder andere abgeschiedene Platz, an dem er ungestört Siesta halten kann. Steile Berghänge zum Beispiel sind dafür äußerst beliebt. So mühsam es sein mag, dort hinaufzuklettern: Die zusätzliche Sicherheit ist die Anstrengung wert.

Wenn es dann ruhig und dunkel wird, ist ja immer noch Zeit für den nächsten Erkundungsgang. Je mehr Menschen in einer Region leben, umso stärker verschieben die Bären ihre Aktivitäten in die Dämmerung und Nacht. Und dabei merken sie sogar, wenn etwas anders ist als sonst. Die nordeuropäischen Bären bekommen zum Beispiel sehr wohl mit, wann in ihrer Heimat die Jagdsaison beginnt. Dann stürzen sie sich besonders eifrig ins Nachtleben. Denn das kann ihr Leben retten.

Kilometerweit unterwegs

Der Alltag eines modernen europäischen Braunbären besteht also aus Kompromissen. Nicht immer kann er dort leben, wo Milch und Honig fließen und die Landschaft ihm am besten zusagt. Wenn er aus Sicherheitsgründen mit einem kargen Lebensraum vorlieb nehmen muss, kann er das aber immer noch kompensieren. Er muss dann eben weitere Strecken zurücklegen, bis er alles erledigt und seine Bedürfnisse befriedigt hat.

Zwar benötigen alle europäischen Braunbären viel Platz, wie weit sie im Laufe eines Jahres tatsächlich unterwegs sind, hängt allerdings vom Nahrungsangebot und vom Gelände ab. Und auch das Alter und Geschlecht spielen eine Rolle. Während sich ein Männchen in Kroatien im Schnitt mit 128 Quadratkilometern begnügt, durchstreift sein Kollege in Mittelschweden beeindruckende 1600 Quadratkilometer.

Die Weibchen sind deutlich weniger mobil. Vor allem ältere Bärinnen haben offenbar keine große Lust, ständig durch die Gegend zu tappen. Wahrscheinlich kennen sie ihre Umgebung einfach besser und haben mehr Erfahrung als ihre jüngeren Artgenossinnen. Sie wissen also genau, wann man wo zur Stelle sein muss, wenn man Früchte oder Kastanien ernten will. So manchen überflüssigen Weg können sie sich also sparen.

Es gibt allerdings eine Zeit, in der abgesehen von den Müttern mit ihren unselbstständigen Jungen alle auf den Tatzen sind: Zwischen Mai und Juli ist bei den Braunbären Paarungssaison. Und wer

Wenn es sein muss, können Braunbären Geschwindigkeiten von 50 Stundenkilometern erreichen. Auf ihren täglichen Streifzügen sind sie aber meist in viel gemütlicherem Tempo unterwegs.

Bei Sonnenaufgang muss ein Bär noch nicht unbedingt schlafen gehen. Wenn er ungestört bleibt, ist er gern auch tagsüber auf den Tatzen.

Sichere Heimat gesucht!

Ein guter Lebensraum muss aus Bärensicht Ruhe und Abgeschiedenheit bieten. Ganz oben auf der Wunschliste stehen außerdem reichlich Futter, Deckung und Höhlen für den Winterschlaf.

da in Sachen Familiengründung aktiv werden will, muss erst einmal einen passenden Partner finden. Doch das ist gar nicht so einfach. Denn Bären gehören zu den größten Eigenbrötlern, die es unter den Säugetieren überhaupt gibt. Die einzigen engen Bindungen, die sie kennen, sind die zwischen Mutter und Kind. Ansonsten sind beide Geschlechter ausgesprochene Einzelgänger.

Das heißt allerdings nicht, dass sie keine Artgenossen in ihrer Nähe dulden. Im Gegenteil: Nachbarn durchstreifen oft überlappende Gebiete, ohne dass es deswegen zu größerem Ärger käme. Kein Braunbär verteidigt sein Revier und wenn es irgendwo besonders viel zu fressen gibt, schlägt sich dort oft eine ganze Horde gleichzeitig den Bauch voll. Allerdings macht dabei jeder sein eigenes Ding. Gezielt die Gesellschaft von Artgenossen zu suchen, ist Braunbären fremd. Es sei denn, es geht um Sex. In der Paarungszeit ist das Interesse plötzlich doch da.

Wie aber findet man dann kurzfristig einen Partner oder eine Partnerin? Die potenziellen Kandidaten sind schließlich genauso mobil wie man selbst und können theoretisch endlose Kilometer weit weg sein. Wer in dieser Situation erfolgreich ein Rendezvous einfädeln will, verlässt sich am besten auf seine Nase.

Bärenweibchen streifen zwar nicht so weit umher wie Männchen, trotzdem müssen auch sie immer wieder erkunden, was es in ihrer Heimat Neues gibt. Bei der Gelegenheit lernt der Nachwuchs seine Umgebung auch gleich kennen.

Rendezvous für Eigenbrötler

Braunbären haben einen ausgesprochen feinen Geruchssinn, der ihnen sehr viel über ihren Lebensraum und seine anderen Bewohner verrät. Ihr Eindruck von der Welt setzt sich eher aus Düften zusammen als aus Bildern. Entsprechend wichtig sind die „Schwarzen Bretter" des Waldes, an denen sie Notizen für ihre Artgenossen hinterlassen.

Solche Nachrichten schreiben Bären mit speziellen Sekreten, die sie in ihren Analdrüsen produzieren und in der Gegend verteilen. Selbst wenn ein Artgenosse erst nach Tagen dort vorbeikommt, kann er diese chemischen Botschaften problemlos entschlüsseln. Wann war der Verfasser der Nachricht hier? War es ein Weibchen? Vielleicht sogar eine Bekannte? Und wie steht es um ihre Paarungsbereitschaft? Alles spannende Informationen, die ein Männchen auf Brautschau erschnüffeln kann.

Doch auch die Augen verraten so manches Detail. Wenn kräftige Krallen die Rinde von einem Baum abgekratzt haben, kann das nur eines bedeuten: Hier hat ein Rivale Anspruch auf die in dieser Gegend lebenden Bärinnen angemeldet. Und um ordentlich Eindruck zu schinden, hat sich der Angeber natürlich bemüht, möglichst weit oben am Stamm zu kratzen. Damit man ihn für besonders groß hält.

Manchmal genügen solche Botschaften, damit ein Interessent den Mut verliert und sich anderswo nach einer Partnerin umsieht. Doch wenn sich keiner der Kontrahenten einschüchtern lässt, stehen die Zeichen auf Kampf. In anderen Jahreszeiten kann man ja tolerant zu anderen Männern sein. Oder sie einfach ignorieren. Sobald es um Frauen geht, hört der Spaß aber auf.

Der Sieger schreitet dann nicht nur umgehend zur Tat, er bleibt auch nach der Paarung noch eine ganze Weile in der Nähe. Man kann schließlich nie wissen, wann der nächste Bewerber auftaucht und sich an die Sexualpartnerin heranmachen will. Das gilt es möglichst zu verhindern. Denn auch der potenteste Bärencasanova kann nicht darauf hoffen, dass die Gefährtin bereits nach einem Akt genug hat und ihm die Treue hält. Schließlich haben Braunbärenweibchen genau wie die Männchen einen ausgeprägten Hang zur Polygamie. Da kann es durchaus vorkommen, dass in einem Wurf der Nachwuchs von verschiedenen Vätern zur Welt kommt.

Baumstämme sind für Bären eine Art Nachrichtenzentrale: Kratz- und Duftspuren verraten, welche Nachbarn hier gewesen sind und was die wohl im Schilde führen.

Bevor sie sich in einen ernsthaften Kampf verwickeln lassen, versuchen Bären es erst einmal mit Einschüchterung. Erst wenn alle Imponiergesten und Drohgebärden nichts nützen, kommen die Zähne und Krallen zum Einsatz.

Normalerweise sind Braunbären ihren Nachbarn gegenüber ziemlich tolerant. Kaum einer lässt sich zu Aggressionen hinreißen. Doch wenn es um Weibchen geht, kann es durchaus Stress geben.

Mit Zähnen und Klauen

Wer als Sieger vom Platz geht, ist eine Frage des dominanten Auftretens, aber auch der Kraft und Geschicklichkeit. Prankenhiebe auf Brust und Schultern sowie Bisse in den Kopf und Nacken sind im Kampf die häufigsten Manöver.

Eine neue Generation

Bis es so weit ist, wird es nach der Paarung allerdings noch eine ganze Weile dauern. Denn die befruchtete Eizelle bleibt bis zu fünf Monate lang frei im Uterus der werdenden Mutter. Die kann also immer noch entscheiden, ob sie einer Schwangerschaft tatsächlich gewachsen ist. Reichen die Fettreserven, um nicht nur sich selbst, sondern auch den Nachwuchs über den Winter zu bringen? Wenn das Tier zu stark abgemagert und sein Körperfettgehalt unter 20 Prozent gesunken ist, scheint das nicht der Fall zu sein. Dann zieht die Bärin die Notbremse und die befruchteten Eizellen werden abgebaut. Vielleicht klappt es ja im nächsten Jahr.

Bei den fitteren Weibchen aber hat das Warten im Spätherbst ein Ende: Wenn das Wetter immer unwirtlicher wird und sich die Tiere zur Winterruhe zurückziehen, nisten sich die befruchteten Eizellen in der Gebärmutterschleimhaut ein und die eigentliche Schwangerschaft beginnt. Die ist dafür dann auch besonders kurz. Schon nach sechs bis acht Wochen kommt zwischen Januar und März der Nachwuchs zur Welt: Bärchen – gerade einmal so groß wie Meerschweinchen – mit geschlossenen Augen und so feinem Fell, dass sie fast nackt wirken. Meist sind es zwei oder drei dieser Raubtierzwerge, die anfangs nur zwischen 350 und 500 Gramm wiegen. Doch sie werden schnell wachsen und sich weiterentwickeln. Ihre Startchancen hängen dabei allerdings von den Fettreserven ihrer Mutter ab. So wird der Nachwuchs besonders gut genährter Weibchen nicht nur früher geboren, er wächst auch schneller als der von schlankeren Artgenossinnen.

Sein Lebenselixier ist dabei die extrem nährstoffreiche Milch, die bis zu 17 Prozent Proteine und bis zu 20 Prozent Fett enthält. Kein Wunder, dass deren Produktion an den Reserven der Bärin zehrt. Während ihre Kleinen von Tag zu Tag größer und kräftiger werden, magert sie mindestens genauso schnell ab. Bis zu jenem Tag, an dem die gesamte Höhlenbesatzung ihren Unterschlupf verlässt und die Nase in die Frühlingsluft streckt. Endlich hat die Mutter Gelegenheit, mal wieder etwas zu fressen. Und ihre Kinder können zum ersten Mal die Welt erkunden.

Für die kleinen Bärchen beginnt nun eine ebenso spannende wie gefährliche Zeit. Der Tag scheint gar nicht genug Stunden zu haben, um spielerisch seine Kräfte zu messen und seine Geschicklichkeit zu trainieren, zu plantschen und zu buddeln, zu rennen und zu schlafen. Und es gibt so viel zu lernen – über Leckerbissen und Verstecke, Genuss und Gefahr. Während ihr Vater in ihrem Leben keine Rolle spielt, ist die alleinerziehende Mutter für die neue Bärengeneration Lehrerin, Versorgerin und Beschützerin in einem. Sie bewacht ihre Jungen mit Argusaugen und kann dabei sehr aggressiv werden. Sogar deutlich größere Männchen müssen mit einem Angriff rechnen, wenn sie der kleinen Familie zu nahe kommen. Und das hat seine Gründe.

Jeden Tag ein bisschen dicker

Bärenmilch ist extrem reich an Proteinen und Fett. Dank dieses nahrhaften Cocktails wachsen die kleinen Wollknäuel rasant. Mit drei Monaten werden sie schon etwa 15 Kilogramm wiegen.

Keine Lust auf Siesta

Braunbären sind meist nachts oder in der Dämmerung unterwegs. Weibchen mit Jungtieren sieht man dagegen oft am hellen Tag, wenn der quirlige Nachwuchs am aktivsten ist.

Familienbande

Junge Braunbären treten gern als Team auf. Solange sie noch klein sind, sehen sie ihre Geschwister vor allem als Spielgefährten. Doch auch nach der Trennung von der Mutter bleiben sie oft noch eine Weile zusammen, um die Herausforderungen des Alltags gemeinsam zu meistern.

Spielen und Lernen

Den Wald scheint der Bärennachwuchs als eine Art Abenteuerspielplatz zu betrachten. Die Mutter bleibt dabei aus Sicherheitsgründen in der Nähe – und verteidigt die Kleinen notfalls vehement.

Neugier ist für junge Braunbären lebenswichtig. Nur, wer alles genau untersucht, jeden Stein umdreht und auch hinter die nächste Ecke schaut, lernt seine Umgebung richtig kennen.

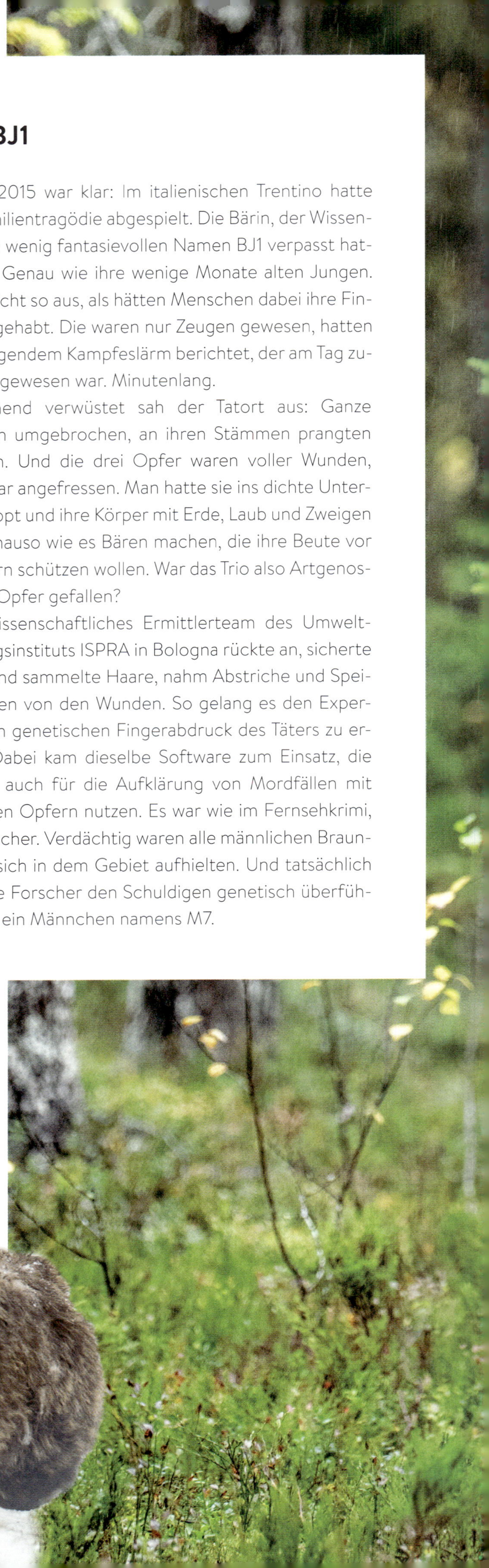

Der Fall BJ1

Am 10. Mai 2015 war klar: Im italienischen Trentino hatte sich eine Familientragödie abgespielt. Die Bärin, der Wissenschaftler den wenig fantasievollen Namen BJ1 verpasst hatten, war tot. Genau wie ihre wenige Monate alten Jungen. Und es sah nicht so aus, als hätten Menschen dabei ihre Finger im Spiel gehabt. Die waren nur Zeugen gewesen, hatten von beängstigendem Kampfeslärm berichtet, der am Tag zuvor zu hören gewesen war. Minutenlang.

Entsprechend verwüstet sah der Tatort aus: Ganze Bäume waren umgebrochen, an ihren Stämmen prangten Krallenspuren. Und die drei Opfer waren voller Wunden, teilweise sogar angefressen. Man hatte sie ins dichte Unterholz geschleppt und ihre Körper mit Erde, Laub und Zweigen bedeckt. Genauso wie es Bären machen, die ihre Beute vor Aasfressern schützen wollen. War das Trio also Artgenossen zum Opfer gefallen?

Ein wissenschaftliches Ermittlerteam des Umweltforschungsinstituts ISPRA in Bologna rückte an, sicherte Spuren und sammelte Haare, nahm Abstriche und Speichelproben von den Wunden. So gelang es den Experten, einen genetischen Fingerabdruck des Täters zu erstellen. Dabei kam dieselbe Software zum Einsatz, die Forensiker auch für die Aufklärung von Mordfällen mit menschlichen Opfern nutzen. Es war wie im Fernsehkrimi, nur realistischer. Verdächtig waren alle männlichen Braunbären, die sich in dem Gebiet aufhielten. Und tatsächlich konnten die Forscher den Schuldigen genetisch überführen: Es war ein Männchen namens M7.

Wenn Bärenmännchen an einer möglichst schnellen Paarung interessiert sind, kann es für Weibchen und Jungtiere lebensgefährlich werden.

Täter und Beschützerinnen

Dabei ist der braune Täter kein Einzelfall. Immer wieder kommen junge Bären in ihrem ersten Lebensjahr durch die Attacken ausgewachsener Männchen ums Leben. Zumindest in einigen Regionen ist das eine durchaus häufige Todesursache, die vor allem für kleine Bestände zu einem echten Problem werden kann.

Typischerweise finden solche Delikte zur Paarungszeit statt. Denn dahinter steckt wohl eine biologische Strategie der Männchen. Bärinnen lassen sich nämlich erst dann wieder mit einem Partner ein, wenn sie keine Jungtiere mehr führen. Also versucht der interessierte Bewerber, die Sache zu beschleunigen und tötet die kleinen Störenfriede. Den eigenen Nachwuchs verschont er allerdings. Vermutlich kann er sich daran erinnern, mit welchen Weibchen er sich schon gepaart hat und lässt deren Familie dann unbehelligt.

So brutal das klingt, in vielen Fällen scheint der Kindstöter sein Ziel zu erreichen. Da bei Bärinnen der Eisprung durch äußere Ereignisse ausgelöst wird, können sie schon ein oder zwei Tage nach dem Verlust ihres Wurfes wieder paarungsbereit sein. Immer wieder gibt es allerdings auch Fälle wie den im Trentino. Dann verteidigt die Mutter ihre Jungen mit solcher Vehemenz, dass sie selbst dabei ums Leben kommt.

Dieses Risiko wollen die Weibchen natürlich vermeiden. Solange sie kleine Bären im Schlepptau haben, gehen sie ausgewachsenen Männchen zur Paarungszeit daher aus dem Weg. Sie halten sich dann mit Vorliebe da auf, wo sonst kaum ein Bär unterwegs ist. Zum Beispiel am helllichten Tag in der Nähe von Siedlungen. Eine mögliche Begegnung mit Menschen scheint ihnen in dieser Situation wohl immer noch das kleinere Übel zu sein. Auch die Untreue könnte eine weibliche Strategie sein, um mög-

Hilfe, Mama!

Der Drang, ihre Jungen zu beschützen, ist bei Braunbärinnen sehr stark. Mitunter greifen sie sogar Männchen an, was schon einige potenzielle Kindstöter das Leben gekostet hat.

liche Täter zu verwirren. Wer nicht ganz sicher sein kann, ob er nicht selbst der Vater ist, lässt vielleicht eher die Tatzen von den Kleinen.

Wenn das Sicherheitsprogramm greift und kein Männchen den Nachwuchs in die Krallen bekommt, wird die Bärin erst im nächsten oder übernächsten Jahr wieder trächtig werden. Die meisten Jungbären bleiben zwischen eineinhalb und zweieinhalb Jahren bei ihrer Mutter. Doch wenn dann ein erwachsenes Männchen auftaucht, fällt die kleine Familie auseinander.

Die Initiative dafür geht wohl nicht vom Nachwuchs aus, der endlich auf eigenen Beinen stehen will. Wenn die Jungtiere nach der Trennung verunsichert in einer Baumkrone hocken, ist das schließlich ein deutliches Indiz dafür, dass sie entweder von der Mutter oder von ihrem paarungswilligen Lover vertrieben wurden.

Manchmal versuchen sie trotzdem, das Unausweichliche hinauszuschieben und sich noch für längere Zeit im „Hotel Mama" einzurichten. Doch so hartnäckig sie ihrer Mutter auch folgen: Irgendwann müssen sie einsehen, dass die Kindheit vorbei ist und sie nun auf eigenen Tatzen stehen müssen. Einige gehen dann direkt ihrer Wege, andere bleiben noch ein paar Tage oder Wochen mit ihren Geschwistern zusammen. Dann aber wird es Zeit, sich ein eigenes Zuhause zu suchen. Dort werden sie im Alter von vier bis sechs Jahren selbst eine Familie gründen.

Kletterkünstler

Kleine Braunbären sind gute Kletterer. Wenn es brenzlig wird, suchen sie daher gern Schutz auf den Bäumen. Da kommen die meisten erwachsenen Artgenossen wegen ihres Gewichts nämlich nicht hin.

Weibchen sind für männliche Bären nur zur Paarungszeit interessant. Dann aber ist die Anziehungskraft umso größer. Im Interesse ihrer Jungen ist es für Mütter allerdings besser, fremde Bewerber auf Abstand zu halten.

FEINSCHMECKER MIT BÄRENHUNGER

Bären haben es gern bequem, vor allem, wenn es ums Fressen geht. Am liebsten mögen sie daher einen üppig gedeckten Tisch, auf dem die Nahrung weder wegläuft noch sich wehrt. Beeren im Sommer und Nüsse im Herbst sind also ein perfektes Menü. Fleisch kommt dagegen eher selten ins Maul und wenn, dann sind Ameisen allemal beliebter als ein wehrhaftes Wildschwein.

Frühlingserwachen

Viel ändert sich im Leben der Youngster eigentlich nicht, wenn sie das Hotel Mama oft nicht so ganz freiwillig verlassen haben. Stand vorher das Spielen im Mittelpunkt des Alltags, kümmern sich die inzwischen selbstständigen Bären vor allem um ihre Ernährung. Abgesehen von einigen Episoden, in denen die Familienplanung in den Fokus rückt oder in denen die Bärin ihre bereits vorhandene Familie gegen Angreifer jedweder Art verteidigt, ändert sich daran bis zum Tod wenig: Das Fressen bestimmt den Tagesablauf, der oft aus einer Kette von Mahlzeiten besteht und an dessen Ende der Bär einem Betthupferl bestimmt nicht abgeneigt ist.

Bei einem solchen Lebensstil sollte man nicht allzu wählerisch sein. Und so nimmt der Bär eben das, was gerade zur Verfügung steht, am besten reichlich vorhanden und möglichst bequem zu erreichen ist. Da verhält er sich nicht viel anders als manche Menschen, die sich von den Sonderangeboten und Fertiggerichten im Supermarkt um die Ecke verführen lassen.

Weshalb er gerade an diesem milden Frühlingstag aus seiner Winterruhe wieder aufwacht, weiß der Bär nicht mehr so recht. Klar, die innere Uhr mag eine Rolle spielen. Dazu kommt vermutlich ein wahrer Bärenhunger, schließlich hat er den Winter über bald ein Viertel seines Körpergewichts verloren. Im Unterschied zu so manchem Zweibeiner, bei dem sich Frühlingsgefühle oft mit unerwünschten zusätzlichen Pfunden verbinden.

Zunächst tappt das massige Tier aus seiner Höhle in den Wald. Dabei ähnelt es ein wenig einem Menschen, der seiner allmorgendlichen Routine nachgeht: Das Wichtigste zuerst, also zur Toilette schlurfen und die Blase entleeren. So ein Braunbär hat ja in den vergangenen Monaten den Toilettengang komplett ausfallen lassen, das muss jetzt schleunigst nachgeholt werden. Zu fressen hat es auch schon ewig nichts mehr gegeben, Meister Petz schiebt einen wahren Bärenhunger – da kommt das billige Sonderangebot im Supermarkt der Natur gerade recht: Und was schmeckt nach diesen langen Hungermonaten besser als der Kadaver eines Hirsches oder Elches, der den harten Winter nicht überstand oder von einer Lawine in den Tod gerissen wurde?

Wenn im Frühjahr der Schnee langsam schmilzt, schieben Braunbären einen Bärenhunger und halten Ausschau nach Fastfood in Form eines Hirsches oder Elches, der den Winter nicht überstanden hat.

Raubtier mit Hang zur Grünkost

Auch wenn die Evolution Bären ursprünglich als Raubtiere angelegt hat, rangiert Vegetarisches bei vielen Braunbären auf der Speisekarte ganz oben. Auf eine leichte Kost aus Gräsern und Kräutern greifen sie besonders gern zurück, wenn zum Beispiel im späten Frühjahr das Angebot an energiereicher Kost aus Beeren und Früchten sehr knapp ist.

Vegetarische Bären

Dabei ist es dem Bären völlig egal, wenn Wissenschaftler sein Verhalten als „Nahrungsopportunismus“ bezeichnen. Er ist Pragmatiker und nimmt, was er kriegt. Das aber ist meist vegetarische Kost, da mögen die Forscher ihn noch so lange bei den Raubtieren einordnen.

Nur wächst im Frühjahr noch eher wenig. So durchstreift der Bär mit knurrendem Magen die Lawinenhänge im Gebirge und sucht nach den Kadavern von Tieren, die von den Schneemassen mitgerissen und getötet wurden. Ohnehin sind Braunbären nicht die geschicktesten aller Jäger und verzichten in Mittel- und Südeuropa meist gern auf das Reißen von schwieriger Beute.

Wenn der erwachte Winterschläfer im Frühjahr keine Lawinenopfer findet, kann er natürlich nicht warten, bis im Sommer die Beeren reif sind. Also knabbert er am frischen Gras, stopft Kräuter in sich hinein und kaut die eine oder andere Wurzel. Er hat auch genau das richtige Gebiss dafür. Ein Eisbär hätte bei dieser vegetarischen Frühjahrskost schlechte Karten, weil seine Backenzähne nur schmale Zahnkronen haben. Dagegen können Braunbären mit ihren breiten Zahnkronen die zähen Fasern der Pflanzen problemlos mahlen. Vor allem im Süden und der Mitte Europas setzen sie gern auf Grünkost, die nicht nur im Frühjahr, sondern das ganze Jahr über oft mehr als 90 Prozent ihrer Speisekarte füllt.

Besonders wählerisch ist der Braunbär dabei nicht, mehr als 200 verschiedene Pflanzenarten landen in seinem Magen. Zumindest behaupten das die Statistiken der Wissenschaftler. Der Bär selbst beißt in die Pflanzen, von denen er viele findet und die er gut kauen kann. Eine seiner Lieblingsspeisen ist daher der Süßklee, in dessen Wurzeln viele, gut verdauliche Kalorien stecken und an denen er sich auch nicht gleich die Zähne ausbeißt. Mit seinen langen Klauen gräbt der Bär sich einen Weg zu diesen Frühjahrsleckerbissen und knabbert die Pflanzen dann mit den Zähnen ab.

Normalerweise bevorzugt er die regionale Küche, weil weite Wanderungen sich zumeist nicht rechnen, wenn der Bär sich am Ziel nur den Bauch vollschlagen will. Allzu fett werden die Vierbeiner mit ihrer Vorliebe für ein Salat- und Kräuterbüfett allerdings nicht. Ganz im Gegenteil sind die Vegetarier in den südlichen Gefilden erheblich schmächtiger als ihre Kollegen in Skandinavien oder im Osten Europas. Anders als seine Zähne hat sich nämlich das Verdauungssystem des Braunbären noch nicht auf das Grünzeug umgestellt. Es holt aus Süßkleewurzeln, Gras und Moos viel weniger Nährstoffe, als Kühe, Schafe und Ziegen das können. Und so stecken im Bärenkot oft noch gut erkennbare Stängel, Wurzeln und Bucheckern, die kaum verdaut sind.

Bei Tiefkühlangeboten – wie diesem im Winter verendeten Elch – schlagen Braunbären im Frühjahr gern zu. Schließlich haben sie ihren Küchenherd in Form eines warmen Hintern immer dabei: Geduldig setzt der Bär sich auf den eisigen Fund und wartet, bis die Körpertemperatur das leckere Fleischgericht aufgetaut hat.

Tiefkühlkost

Eine ganz andere Sache sind tierische Fette und Proteine, aus denen ein Bärendarm auch noch die letzte Kalorie herausquetscht. In der kärgeren Vegetation in Skandinavien oder im Osten Europas bedienen sich die Bären daher aus gutem Grund viel stärker an der Fleischtheke als ihre Verwandten weiter im Süden. Gerade im Frühjahr tauchen dort der eine oder andere Hirsch und viele andere Tierarten auf, die in einer Lawine ums Leben gekommen oder schlicht verhungert sind.

Diese tote und damit billige Beute ist in vielen Regionen eine Art Grundnahrungsmittel, das die Bären oft aber nur nach einer Geduldsprobe genießen können. Schließlich ist dieses leckere Angebot häufig schon Wochen vorher verendet und daher so stocksteif gefroren, dass selbst ein kräftiges Bärengebiss daran scheitert. Einem cleveren Bären aber kann das nicht den Appetit verderben, er taut seine Mahlzeit einfach auf. Mangels Herd und Mikrowelle setzt er sich auf seine Beute und wartet, bis sein

In der Bären-Grundschule steht gerade das kleine Einmaleins für heranwachsende Raubtiere auf dem Stundenplan: Jagd und Zubereitung der Beute.

warmer Hintern oder Bauch das Fleisch zwar nicht zart, aber immerhin so weich gemacht haben, dass er mit den Zähnen eine ordentliche Mahlzeit abbeißen kann.

Leider gibt es diese Tiefkühlkost später im Jahr kaum noch im Angebot. Obendrein finden die Tiere vor allem im Frühsommer noch keine leckeren Energiesnacks wie Beeren oder gar Nüsse. Gerade in nördlichen Regionen bleibt den Bären dann kaum eine Alternative, sie müssen ihre Beute selbst jagen. Wer da wenig Erfahrung hat, ist klar im Nachteil. Oft genug nähert sich der Jagd-Lehrling dann reichlich tollpatschig und noch dazu nur halbherzig seinem anvisierten Opfer. Das erkennt die Gefahr meist rasch und entkommt unverletzt, während der Bär mit knurrendem Magen hinterher schaut.

Andere Artgenossen dagegen lernen die Tricks der Jagd schon von Kindesbeinen an von ihrer Mutter und werden mit den Jahren zu ausgebufften und mit allen Wassern gewaschenen Profis, die fette Beute in Form von Elchen, Rentieren und Hirschen machen. Dabei erreichen sie ähnlich gute Erfolgsraten wie Tiger und andere große Einzeljäger.

Beliebte Snacks

Ähnlich wie ihre vegetarisch lebenden Verwandten im Süden bedienen sich auch die Jäger im Norden an sehr unterschiedlicher Beute. Allein unter den Säugetieren erwischen sie mehr als hundert verschiedene Arten von kleinen Mäusen bis zu riesigen Wisenten oder Elchen. Natürlich gehen sie auch auf der Jagd den Weg des geringsten Widerstands und graben zum Beispiel Mäuse oder andere kleine Säugetiere mit ihren scharfen Krallen aus ihren unterirdischen Bauten aus. Steht in den südlichen Ländern Europas doch einmal Fleisch auf dem Speiseplan, sind in Italien Frösche und in Griechenland Schildkröten eine beliebte Beute. Im Norden interessieren sich die Bären dagegen manchmal auch für Gänse und Enten sowie für Adler und Falken, wenn sie deren Nester in Felsen oder übers Wasser relativ bequem erreichen können.

Rund die Hälfte aller Tierarten, die Braunbären vertilgen, sind Leichtgewichte, die weniger als zehn Kilogramm wiegen. Hasen, Murmeltiere, Hörnchen, Ratten, Lemminge und Wühlmäuse landen daher recht häufig im Maul der zotteligen Jäger. Zumindest solange diese Tiere in großen Massen vorkommen und sich leicht erbeuten lassen. Diese Beschreibung trifft aber nicht nur auf kleine Säugetiere, sondern auch auf Insekten zu, die in großen Staatengemeinschaften leben. Und tatsächlich besteht ein Viertel der Nahrung eines Braunbären in Slowenien aus Ameisen, die auch bei seinen Kollegen in anderen Regionen wie zum Beispiel in Schweden beliebt sind.

Ameise statt Elch

Je kleiner eine Beute ist, umso geringer ist das Risiko bei der Jagd. Statt auf Großwildjagd zu gehen, bevorzugen viele Bären daher lieber Ameisen. Zum Glück leben die kleinen Insekten meist in großen Kolonien, mit denen man sich den Bauch vollschlagen kann.

Schwein gehabt!

Kommen sie an größere Beute heran, nagen die Bären Mitteleuropas natürlich auch sehr gern an einer Rehkeule oder gönnen sich manchmal sogar ein ganzes Wildschwein.

Einzelgänger im Visier

In Skandinavien und im Osten Europas haben die Braunbären allerdings auch vor großen Hirschen keine Angst. Besonders beliebt sind oft Elche, weil diese notorischen Einzelgänger einen Jäger viel leichter übersehen als die vielen Augen von Tieren, die in größeren Herden leben. Noch dazu sind Elche gern in der Dämmerung in sumpfigen Wäldern unterwegs, in denen sich ein Angreifer gut anschleichen kann. Dabei bevorzugen die Bären Opfer, die sie leicht erwischen und die sich nicht gut wehren können. So sind Huftiere in den ersten Tagen nach ihrer Geburt im Frühjahr noch nicht allzu flink, weil ihre Beine für eine Flucht noch nicht ausreichend geübt sind. Solche Kälber erwischt der Bär daher oft ähnlich leicht wie erwachsene Tiere, die an einer schweren Krankheit leiden oder stark geschwächt sind.

Dabei schlägt der Bär mit seinen Pranken oft von hinten zu und bricht seinem Opfer die Rippen oder den Schädel, beißt aber auch häufig in den Nacken, ins Gesicht und in die Nase. Größere Beute erwischt er am besten im Sumpf: Dort können die Opfer viel schlechter als auf festem Grund davonlaufen, während der Verfolger auf seinen breiten Tatzen viel beweglicher ist. In seltenen Fällen und vor allem bei besonders großer Beute wie einem Wisent oder einem Elch schlägt ein gut trainierter Bär auch von vorn zu und bricht seiner Beute mit den muskulösen Armen das Genick oder die Wirbelsäule. In einigen Gebieten im Nordosten Norwegens decken erbeutete Elche bei so manchem Bären mehr als zwei Drittel des Energiebedarfs.

Wildschweine dagegen passen sehr gut auf, wenn sie wissen, dass Bären in der Nähe sind. Da ein ausgewachsener Keiler ein sehr gefährlicher Gegner ist, lassen viele Bären diese Beute lieber in Ruhe. Nur einige Tiere im Osten Europas und in den Wäldern Russlands halten sich nicht an diese Regel und gelten als raffinierte Wildschweinjäger.

Nutztiere im Angebot

Normalerweise aber können sich größere Tiere gut gegen Bären verteidigen. Es sei denn, sie leben wie Rinder, Schafe und viele andere Nutztiere seit etlichen Jahrtausenden auf den Weiden von Hirten und Viehzüchtern. In dieser langen Zeit haben die meisten Tiere ihre natürlichen Verteidigungsstrategien verlernt und stehen einem Angreifer hilflos gegenüber.

Solchen Angeboten aber kann so mancher Jäger im braunen Pelz nicht widerstehen: In Österreich holte sich der Bär Djuro zum Beispiel 1994 und 2004 jeweils ein Jungrind mit 300 bis 400 Kilogramm Gewicht von einer Alm. Da in Norwegen viele Schafe ohne Hirten und Hunde völlig frei weiden, sind dort einige Bären auf den Geschmack von Lammfleisch gekommen. In anderen Ländern erwischen sie manchmal auch Pferde, Ziegen, Hausschweine und sogar Haushunde.

Besonders scharf aber sind die Tiere auf Honig: Als sich am Anfang des 21. Jahrhunderts in Österreich eine kleine Bärengruppe etabliert hatte, betraf rund ein Viertel der Bärenschäden demolierte Bienenhäuser. Auffallend häufig waren in der Alpenrepublik auch die sogenannten „Rapsölschäden“: Waldarbeiter schmieren mit dieser Substanz die Ketten ihrer Motorsägen – und dieser Geruch zog die Bären unwiderstehlich an. Die Tiere entwickelten einen wahren Heißhunger auf das Öl. Um an einen Kanister mit dieser flüssigen Delikatesse heranzukommen, brachen sie in Waldhütten und in die Kabinen von Traktoren ein und schreckten auch nicht davor zurück, dort gelagerte Kettensägen auseinanderzunehmen.

Auch Fischfutter lieben die Bären heiß und innig, die Fische selbst sind ihnen dagegen oft zu flink. Bär Nurmi kam in Österreich Anfang der 1990er-Jahre allerdings auf die Idee, den Abfluss der Fischteiche zu öffnen. Die auf dem Trockenen zappelnden Insassen waren ein gefundenes Fressen für den vierbeinigen Feinschmecker. Die Begeisterung der Teichbesitzer über so viel Cleverness hielt sich dagegen in engen Grenzen.

Und das gilt für die meisten Leute, an deren Besitz sich die Tiere vergreifen. Bedienen sich die europäischen Bären zu oft bei den Bau-

Schleckermäuler

Als echte Naschkatzen lieben Bären süßen Honig über alles und plündern gern Bienenstöcke. Um den Tieren ihren Appetit zu verderben, sichern Imker in manchen Regionen ihre Stöcke wie mittelalterliche Festungen mit starken Mauern.

ern und verlieren ihre Scheu vor Menschen, brennen ihnen Spezialisten daher oft mit lautem Knallen eine Ladung Gummigeschosse auf den Pelz. Hilft dieses sogenannte Vergrämen wenig, werden Problembären als allerletzte Maßnahme gefangen oder sogar geschossen. Die Bauern und Imker werden häufig aus speziellen Fonds für ihre Verluste entschädigt.

Allzu groß sind die Schäden durch große Raubtiere allerdings nicht. In Rumänien holen Jäger auf vier Beinen jedes Jahr eineinhalb bis zwei Prozent der Schafe aus einer Herde. Für zwei Drittel dieser Verluste sind Wölfe verantwortlich, der Bär holt das restliche Drittel, während der Luchs gegen die Hunde der Schäfer keine Chance hat. Die natürlichen Verluste durch Abstürze oder Krankheiten sind dagegen höher. Und es gibt eine gute Strategie gegen Wolf und Bär: Als zehn Schäfer ihre Herden nachts mit einem Elektrozaun schützten, gingen die Verluste schlagartig zurück. Ganze zwei Schafe haben die Raubtiere geholt – und da hatte der Zaun nicht funktioniert, weil die Batterie leer war. Nachdem sie unverhofft einen elektrischen Schlag auf die feuchte Schnauze bekommen haben, machen Wölfe und Bären normalerweise lieber einen großen Bogen um solche Zäune.

Elektroschock

Im 21. Jahrhundert steht dagegen die Hightech-Variante der Bärenabwehr in Form von Elektrozäunen hoch im Kurs. Hinter dem Zaun können Schafe und Rinder sicher vor den Bären weiden und auch Wölfe lassen sich damit abschrecken.

Violetter Kot

Im Herbst stopfen Bären sich den Bauch gern mit Heidelbeeren voll. Da die Tiere schlechte Futterverwerter sind, bleibt nach der Verdauung noch einiges von diesen Früchten übrig und der Kot leuchtet kräftig violett.

Beerenzeit

Angesichts solcher Risiken bleiben Braunbären daher oft lieber bei ihrer ohnehin bevorzugten vegetarischen Kost. So reifen im Sommer süße Beeren, mit denen man sich den Bauch mit zuckerreicher Nahrung vollstopfen kann. Brombeeren, Himbeeren, Erdbeeren, Heidelbeeren, aber auch Kirschen und viele weitere Früchte ernten die Tiere mit Begeisterung bis in den Frühherbst. Meist weiden sie dabei an Wildsträuchern, sie interessieren sich aber durchaus auch für Obstgärten, deren Ertrag eigentlich in menschlichen Mägen landen sollte. Auch in Mais- und Weizenfeldern bedienen sich Bären gern.

Im Herbst steigert sich der Appetit des Bären enorm, frisst er sich dann doch seinen Winterspeck an. Jetzt wandern alle möglichen Früchte von Eicheln und Bucheckern über Äpfel und Birnen bis zu Kastanien und Haselnüssen in den Bauch. Auch einer üppigen Pilzmahlzeit kann kaum ein Bär widerstehen. Systematisch sucht er nicht nur den Boden nach Fressbarem ab, sondern richtet sich oft auch auf seine Hinterbeine auf und erntet mit den vorderen Tatzen Früchte und Nüsse bis in drei Meter Höhe direkt von den Bäumen und Sträuchern. Gibt es reichlich Bucheckern, Eicheln und Kastanien, die jeweils besonders nahrhaft sind, interessieren sich die Tiere weniger für Beeren und Obst. Denn bereits eine kleinere Bärin muss bei reiner Beerenkost in diesen Wochen täglich mindestens 30 000 der süßen Früchte verdrücken, um sich genug Speck für den langen Winterschlaf anzufressen.

Ist das Angebot vielfältiger, stopft ein ausgewachsener Braunbär täglich bis zu 40 Kilogramm Beeren und Nüsse in sich hinein und legt dabei an einem einzigen Tag bis zu drei Kilogramm Körpergewicht zu. Kein Wunder, dass er nach einiger Zeit so richtig vollgefressen ist und langsam schläfrig wird. Dieses Gefühl kennen ja auch Menschen zur Genüge, wenn sie nach einem Festgelage Lust auf ein Nickerchen verspüren. Auch der Bär sucht sich jetzt nach einem langen Jahr voller spannender Erlebnisse einen Platz, an dem er ungestört den Winter verbringen kann.

Eichelmast

In Eicheln stecken reichlich Nährstoffe und Energievorräte, die den keimenden Eichen einen guten Start ins Leben versprechen. Es sei denn, ein Braunbär schlägt sich im Herbst den Bauch mit Tausenden dieser Früchte voll.

Buchen sollst du suchen

Auch in Buchenwäldern können sich Bären reichlich Winterspeck anfressen, wenn sie die Bucheckern vor anderen Interessenten wie Wildschweinen finden. Nach einer solchen reichen Ernte kann der lange Winter kommen.

SCHLÄFRIGE VORBILDER

Wer im Winter nicht unter der Kälte und einem knurrenden Magen leiden will, verschläft die ungemütliche Jahreszeit einfach. Das klingt nach einem naheliegenden Plan. Doch damit der Körper das auch problemlos übersteht, müssen Bären mit den verschiedensten Stoffwechseltricks arbeiten. Leider haben sie die längst noch nicht alle verraten.

Der Winter kommt

Die Schritte sind ein bisschen schwerfällig geworden. Und seit vielleicht zwei Wochen hat er auch keine Lust mehr, so endlos weit umherzustreifen wie noch im Sommer. Wozu auch? Die Beerenernte in der Region Dalarna in Mittelschweden ist so reich gewesen wie in jedem guten Herbst. Gelegenheit genug also, sich Tag für Tag ohne anstrengenden Marsch den Bauch vollzuschlagen und noch das eine oder andere Kilogramm zuzunehmen. Geradezu fett ist er inzwischen geworden, der Feinschmecker auf vier Tatzen. Und das ist auch gut so. Denn es ist Ende Oktober und er spürt, dass die kalte Jahreszeit nicht mehr lange auf sich warten lassen wird. Schnee liegt in der Luft. Es wird Zeit.

Mit seinen kräftigen Krallen macht sich der Braunbär daran, einen Ameisenhaufen aufzugraben. Einen verlassenen natürlich. Schließlich will er nicht riskieren, von den winzigen, aber durchaus wehrhaften Insekten attackiert zu werden. Solche selbst gebuddelten Höhlen unter Krabbeltierbauten gehören für Skandinaviens Braunbären zu den beliebtesten Rückzugsplätzen für die kalte Jahreszeit. Besonders wenn die Hügel mit Heidelbeersträuchern bewachsen sind. Denn deren Wurzeln stabilisieren die Konstruktion und verhindern, dass dem vierbeinigen Untermieter das Dach auf den Kopf fällt.

Unterirdisch

Erdhöhlen sind gut isoliert, sodass sie auch bei frostigen Temperaturen Schutz bieten. Daher graben sich manche Bären ihr Domizil für die kalte Jahreszeit selbst.

Je weiter der Herbst voranschreitet, umso träger werden die Braunbären. Abgesehen vom Fressen stehen jetzt nicht mehr viele Aktivitäten auf dem Programm.

In einem solchen Unterschlupf lässt es sich gut bis zum Frühjahr aushalten. Denn das Erdreich isoliert gegen die eisigen Temperaturen und hilft so beim Energiesparen. Natürlich könnte man es sich stattdessen auch in einer Felshöhle gemütlich machen. Nur gibt es davon nicht so viele. Und da Braunbären zwar meist in der gleichen Gegend, nicht aber in derselben Höhle überwintern, ist ein Ameisenhaufen die naheliegende Wahl. Es sei denn, man begnügt sich mit einem Unterschlupf über der Erde. Doch das kann sich im strengen skandinavischen Winter längst nicht jeder Bär leisten.

Schließlich isoliert so ein offenes Nest viel schlechter, sodass der dann zum Zittern gezwungene Überwinterer mehr Energie verliert. Um das durchzuhalten, muss er der Kälte schon einiges entgegenzusetzen haben. Deshalb sind es vor allem erwachsene Männchen, die sich notfalls mit einem solchen Behelfsquartier begnügen. Da ihr mächtiger Körper nicht so leicht auskühlt wie der eines kleineren Weibchens, können sie es auch über der Erde aushalten. Allerdings nicht besonders lange. Im Durchschnitt verbringen die oberirdisch überwinternden Männchen mehr als dreieinhalb Wochen weniger in ihrem Unterschlupf als ihre Geschlechtsgenossen mit einem gemütlicheren Quartier.

Auszeit

Am Kuikka-See im Osten Finnlands hat sich ein Braunbär in einem Erdloch für den Winter eingerichtet und sich für etliche Monate von der Welt verabschiedet.

Bären können durchaus auch in Schnee und Eis unterwegs sein. Wenn es nichts zu fressen gibt, ist das allerdings kein sonderlich profitables Unterfangen.

Sie sind dann mal weg

Der vierbeinige Schwede in seinem Ameisenhaufen hat es also vergleichsweise gut getroffen. Für die langen Monate, in denen die Kälte auch durch den dicksten Pelz dringt und alles Fressbare unter dem Schnee verschwindet, hat er den perfekten Platz gefunden. Er weiß selbst nicht genau, was ihn schließlich dazu treibt, sich endgültig dort zu verkriechen. Vielleicht sind es die ersten kräftigen Schneeschauer, die ständig sinkenden Temperaturen oder die immer kärglicheren Mahlzeiten. Vielleicht tickt in seinem Inneren auch eine Art innere Uhr, die ihn zum Rückzug drängt. Bis etwa Anfang April will er jedenfalls nichts mehr sehen von der Welt. Mehr als fünf Monate lang ist er einfach mal weg.

Seine Kollegen weiter im Norden dehnen ihre winterliche Auszeit sogar noch deutlich länger aus. In der Umgebung der nordschwedischen Stadt Jokkmokk in der Provinz Lappland ist das Klima noch eisiger, die Schneedecke hartnäckiger und der Tisch für hungrige Allesfresser noch länger leer. Also schlafen die dortigen Bären im Durchschnitt mehr als einen Monat länger. Und noch weiter im Norden verabschieden sie sich sogar für sieben Monate.

Schlaflos im Winter

Allerdings hat auch nicht jeder europäische Braunbär Lust, sich monatelang auf die faule Haut zu legen. Einige brummende Bewohner des Kantabrischen Gebirges im Norden Spaniens bleiben zum Beispiel das ganze Jahr über aktiv. Je weiter südlich man lebt, umso weniger wird geschlafen, lautet in Bärenkreisen die gängige Faustregel.

Doch nicht immer hängt die winterliche Ruhelosigkeit nur mit den milderen Temperaturen zusammen. So haben slowenische Braunbären sehr rasch mitbekommen, dass ihre zweibeinigen Nachbarn zahlreiche Wildfutterstellen mit nahrhaftem Mais und anderen Leckereien angelegt haben. Und dort ist der Tisch auch im Winter reich gedeckt. Warum diese Chance nicht nutzen? Etliche Bären, die durch das Dinarische Gebirge an der Adria streifen, lassen sich längst nicht mehr von einem leeren Magen in die winterliche Auszeit treiben.

In der Zeit zwischen dem 1. Dezember und dem 1. März schlafen die Weibchen dort im Durchschnitt 82 Tage – und damit etwa 45 Prozent weniger, als es bei ihren Geschlechtsgenossinnen auf diesem Breitengrad sonst üblich ist. Die Männchen haben ihre Winterferien sogar um mehr als die Hälfte auf nur 57 Tage reduziert. Und auch in dieser Zeit liegen sie nicht etwa nur träge in ihrer Höhle herum. Die meisten verlassen ihren Unterschlupf ab und zu, um den von den Menschen angelegten Wildtier-Restaurants einen Besuch abzustatten. Hinterlassen sie dann im Winter irgendwo Kot, stecken darin ausschließlich die Reste von Mahlzeiten, die sie dort abgestaubt haben.

So clever wie ihre slowenischen Artgenossen sind natürlich auch andere Europäer auf vier Tatzen. Einen Festschmaus, den Menschen ihnen auf dem Silbertablett servieren, lehnen sie normalerweise selbst in der kalten Jahreszeit nicht ab. Auch im polnischen Teil der Karpaten streifen daher manchmal mitten im Winter Bären umher. Und zwar umso häufiger, je dünner die Schneedecke ist und je üppiger der Schmaus. Wenn es nicht besonders kalt ist und genügend Futter lockt, muss ein Braunbär also nicht unbedingt schlafen.

Schlafen oder wachen

Wie winterlich wird das Wetter? Und locken nahrhafte Leckereien in der näheren Umgebung? Von den Antworten auf diese Fragen hängt es ab, wie lange sich Bären eine Auszeit nehmen.

Auch mit dem Fischfang wird es in der kalten Jahreszeit schwierig. Der Versuch, auf diesem Weg einen nahrhaften Happen zu erwischen, kostet oft mehr Energie als er einbringt.

Auf Sparflamme

Der Bewohner des Ameisenhaufens in Dalarna aber hat keinen Grund gesehen, warum er wach bleiben sollte. Beim ersten Schneefall hat er sich in seinem gemütlichen Refugium verkrochen und die Augen geschlossen. „Abnehmen im Schlaf" heißt nun sein Programm für die nächsten Monate. Bis zum Frühjahr wird er nichts mehr fressen oder trinken, sondern von seinen Fettreserven zehren. Und dabei wird er Kilogramm um Kilogramm leichter werden. Wenn ihn die länger werdenden Apriltage schließlich wieder ins aktive Leben zurücklocken, dürfte er mindestens 20 Prozent Gewicht verloren haben.

Bei seinen weiblichen Artgenossen wird die winterliche Fastenkur sogar noch stärker anschlagen. Denn ihr kleinerer Körper speichert weniger Fett und verliert gleichzeitig mehr Energie über seine Oberfläche. Vor allem aber bringen die Bärinnen in ihrer Höhle ihren Nachwuchs zur Welt, den sie dann mit einer fettreichen Milch versorgen müssen. Das alles lässt ihren Winterspeck kräftig dahinschmelzen. Angesichts dieser strapaziösen Herausforderungen dehnen sie ihre winterliche Ruhephase auch deutlich länger aus als die Männchen. Und wenn sie im Frühjahr mit den kleinen Bären im Schlepptau wieder aus ihrem Quartier auftauchen, bringen sie bis zu 40 Prozent weniger auf die Waage als noch im Herbst.

Im Tiefkühlschlaf

Anders als Bären kühlen Igel ihren Körper im Winter fast bis zum Gefrierpunkt ab. In diesem Zustand lassen sie sich kaum aufwecken.

Doch selbst wenn man nicht noch die nächste Bärengeneration auf den Weg bringen muss, ist eine monatelange Auszeit ohne Futter eine echte Herausforderung. Um die zu meistern, verbringt auch das Männchen im Ameisenhaufen den schwedischen Winter in einer sehr speziellen Form von Schlaf. Während draußen die Schneeflocken wirbeln, läuft in seinem Körper nun alles deutlich langsamer ab. Das Raubtier kocht auf Sparflamme. Deswegen muss es seinen gemütlichen Unterschlupf auch nicht für einen Gang zur Toilette verlassen. Ohne Fressen kein Kot, heißt die Devise. Und das bisschen Urin, das überhaupt anfällt, wird aus der Blase direkt wieder in den Körper aufgenommen. Gerade einmal 70 bis 180 Milliliter sind das am Tag, also nicht einmal ein Kaffeebecher voll. Pinkeln fällt also aus.

Wenn die Bärenmutter und ihr Nachwuchs die Schnauzen aus der Höhle strecken, steht einem Schneespaziergang nichts im Wege: Die Tiere brauchen nach dem Schlafen keine lange Anlaufphase, um wieder fit zu werden.

Auch sonst läuft unter dem braunen Pelz des Schläfers vieles anders ab als im Sommer. Um Energie zu sparen, schlägt sein Herz zum Beispiel nicht mehr 75 Mal pro Minute, sondern nur noch zehn Mal. Dazwischen macht es Pausen, die manchmal 20 Sekunden andauern. Ein Mensch würde da leicht das Bewusstsein verlieren. Der Bär aber schläft einfach nur. Und das nicht einmal besonders fest. Anders als zum Beispiel einen Igel kann man ihn aus diesem Zustand leicht wieder aufwecken. Denn während Igel und etliche andere kleine Winterschläfer ihren Körper bis in die Nähe des Gefrierpunkts auskühlen lassen, hat der ruhende Riese für derlei Tiefkühlzustände nichts übrig. Immer wieder lässt er seine Muskeln zittern und hält seine Körpertemperatur dadurch auch bei gebremstem Stoffwechsel auf mehr als 30 Grad. Entsprechend braucht er auch keine lange Aufwärmphase, bis er wieder auf Draht ist.

Massiv zunehmen und sich wochenlang kaum bewegen? Das klingt nach einem sehr ungesunden Lebensstil. Der Stoffwechsel der Braunbären aber meistert diese Herausforderungen erstaunlich gut.

Fett, aber gesund

Auf Ruhestörer, die ihn in seiner Höhle aus dem Schlaf reißen, kann so ein Bär daher ausgesprochen ungemütlich reagieren. Im Handumdrehen hat er die Zähne gefletscht und die Krallen in Position gebracht. Auch wenn ihm die Eindringlinge auf zwei Beinen vielleicht gar nichts Böses wollen. Möglicherweise haben sie es ja nur auf eine kleine Blutprobe abgesehen, mit deren Hilfe sie die Geheimnisse seines Winterschlafs ergründen wollen. Doch dafür hat der Kandidat im braunen Pelz so überhaupt kein Verständnis: Ohne Betäubung rückt er keinen Blutstropfen heraus. Was die Menschheit alles von ihm lernen könnte, ist ihm herzlich egal.

Dabei geht der Bär, der in seiner geschützten Unterkunft dem Frühjahr entgegen dämmert, durchaus als medizinisches Wunder durch. Da gerät er im Herbst in einen regelrechten Fressrausch und stopft etwa doppelt so viele Kalorien in sich hinein wie im Sommer. Entsprechend nimmt er in rasantem Tempo zu – nur um sich dann monatelang auf die faule Haut zu legen, ohne auch nur eine Tatze zu rühren. Geschweige denn aufzustehen und mal ein paar Schritte zu laufen.

Für jeden Menschen wäre das ein ziemlich sicheres Rezept, um ernsthaft krank zu werden. Der Bär aber bleibt trotz dieses scheinbar so ungesunden Lebenswandels topfit. Wenn ihn die länger werdenden Tage im Frühjahr wieder aus der Höhle locken, hat er keine der Beschwerden, die so typisch für Patienten mit zu vielen Pfunden und zu wenig Bewegung sind: Keine wundgelegenen Stellen am Körper, keine geschwächten Muskeln oder Knochen, keinen Diabetes und keine Herz-Kreislauf-Beschwerden. Auf irgendeine Weise müssen er und seine Verwandten das Geheimnis des gesunden Zunehmens und Faulenzens entdeckt haben. Ein übergewichtiger Bär ist sogar gesünder und erfolgreicher bei der Familiengründung als ein schlankerer Artgenosse.

Eines seiner Erfolgsrezepte hat dabei mit dem Hormon Insulin zu tun, das in der Bauchspeicheldrüse gebildet wird. Es sorgt unter anderem dafür, dass Zucker aus dem Blut in die Zellen des Körpers aufgenommen wird. Bei Menschen mit Übergewicht besteht die Gefahr, dass ihre Zellen irgendwann nicht mehr so empfindlich auf Insulin reagieren wie normalerweise. Eine solche Resistenz kann zu einer gefährlichen und weitverbreiteten Zivilisationskrankheit führen: Wer unter Diabetes vom Typ 2 leidet, kann durch einen dauerhaft hohen Blutzuckerspiegel eine ganze Palette von gesundheitlichen Probleme bekommen.

Mit solchen Tücken des Stoffwechsels muss sich der Braunbär glücklicherweise nicht herumschlagen. Wenn der Sommer zu Ende geht, nimmt er zwar massiv zu, doch anders als bei Menschen mit Diabetes-Risiko zirkulieren in seinem Blut dann weniger freie Fettsäuren und seine Zellen werden empfindlicher für Insulin. Im Winter geht er jedoch anders mit dem Hormon um und entwickelt auch eine gewisse Resistenz dagegen. Zum Diabetiker wird der braune Schläfer aber trotzdem nicht. Im nächsten Sommer fährt er die Empfindlichkeit seiner Zellen einfach wieder hoch. Zu gern würden Mediziner verstehen, wie er das genau macht. Doch das hat er bisher stur für sich behalten.

Diabetes, nein danke!

Das Hormon Insulin reguliert den Blutzuckerspiegel. Braunbären schaffen es, diesen lebenswichtigen Prozess auch unter schwierigen Bedingungen aufrechtzuerhalten.

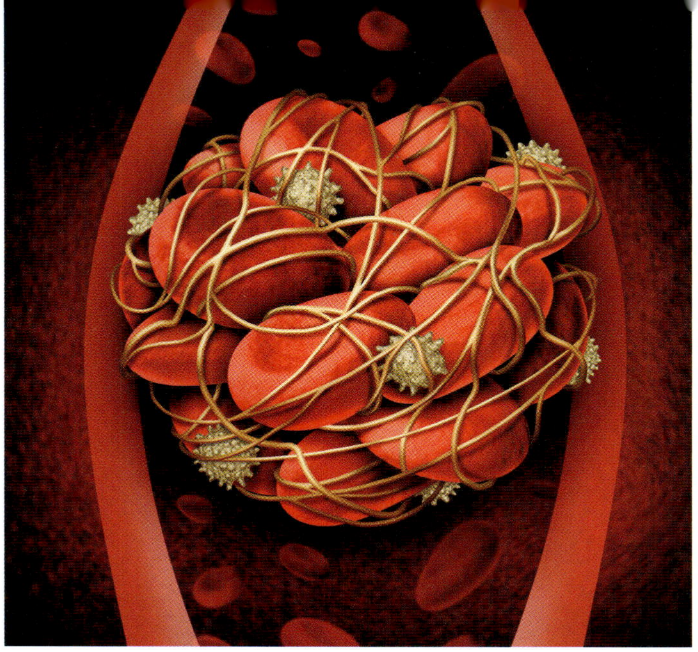

Läuft bei mir!

Auch wenn sie wochenlang bewegungslos herumliegen, müssen Bären keine gefährlichen Thrombosen befürchten. Um solche Blutgerinnsel zu vermeiden, verändern sie ihre Blutplättchen.

Kampf den Klumpen

Es gibt noch eine ganze Reihe weiterer, medizinisch hochinteressanter Tricks, die der Bär im Schlaf beherrscht. Seine Niere zum Beispiel drosselt ihre Funktion um rund 70 Prozent. Doch anders als Menschen mit Nierenproblemen hat er trotzdem nicht übermäßig viel Harnstoff im Blut. Da er nichts Eiweißhaltiges frisst, fällt dieses Abbauprodukt gar nicht erst in größeren Mengen an. Und den Rest kann er gleich wieder recyceln und in neue Proteine zum Beispiel in seinen Muskeln einbauen.

Zudem kennt er auch noch Geheimrezepte gegen Gefäßerkrankungen, Osteoporose und Muskelschwund, wie sie oft bei Menschen mit gedrosselter Nierenfunktion auftreten. Und die funktionieren erstaunlich gut, obwohl der extreme Bewegungsmangel das Risiko für solche Leiden eigentlich noch verstärken sollte.

Was er sich theoretisch allein durch den Verzicht auf alle sportlichen Aktivitäten für Probleme einhandeln könnte, ahnt der braune Faulpelz wohl nicht einmal. Wer wochenlang bewegungslos und mit in Zeitlupe schlagendem Herzen in einer Höhle herumliegt, müsste zum Beispiel ein deutlich höheres Thrombose-Risiko haben. Und solche Blutgerinnsel können lebensgefährlich werden. Doch anders als viele bettlägerige Menschen kann ein Bär ganz ohne Medikamente und Kompressionsstrümpfe verhindern, dass sich die tückischen Klumpen in seinen Adern bilden. Denn während er sein Leben in jeder Hinsicht entschleunigt, verändern sich auch seine Blutplättchen. Sie sind dann längst nicht so klebrig wie normalerweise. So können sie zwar Wunden nicht mehr so rasch verschließen, aber eben auch keine Thrombosen bilden.

In der Ruhe liegt die Kraft

Andere Schutzschilde im Körper des Bären verhindern derweil den Abbau seiner Knochen. Anders als bei Menschen, die Bettruhe halten müssen, wird in seinem Skelett nichts brüchig oder angegriffen. Wieder kommt ihm dabei zugute, dass ihm in Sachen Recycling so schnell niemand etwas vormacht. Wahrscheinlich kann er auf irgendwelchen Wegen das für gesunde Knochen so wichtige Kalzium zurückgewinnen und in sein Skelett einbauen. Aber auch da hat er noch nicht verraten, wie das genau geht.

Genauso wenig, wie er das spezielle Schutzprogramm für seine Muskeln preisgegeben hat, das Ärzte und Patienten so gern kennen würden. Vielleicht könnte es Menschen helfen, die viele Wochen lang im Krankenhaus liegen müssen oder durch eine Verletzung einen Arm oder ein Bein für längere Zeit nicht richtig bewegen können. Die Muskeln verlieren in solchen Fällen rasch an Masse und Volumen. Nach drei Monaten Bettruhe kann schon die Hälfte ihrer Kraft verloren sein. Und das lässt sich nur durch mühsames Aufbautraining wieder rückgängig machen.

Der dem Frühling entgegenträumende Bär aber schützt die Proteine in seinen Muskeln vor dem Abbau und verhindert so die drohende Schwäche. Das Geheimnis seiner unverwüstlichen Bärenkräfte muss in seinem Blutserum stecken. In der kalten und schläfrigen Jahreszeit mischt er da wohl einen körpereigenen Muskelschutz hinein. Wenn die Tage wieder länger und die Temperaturen milder werden, kommt er jedenfalls mühelos wieder auf die Tatzen. Er blinzelt einfach in die Aprilsonne, streckt sich kurz und nimmt dann seine Geschäfte wieder auf. Als sei nichts gewesen.

Wenn man mit seinem Serum menschliche Muskelzellen behandelt, steigt auch deren Proteingehalt. Und auch andere Rezepte aus der bärigen Trickkiste machen Hoffnung auf neue Medikamente und Behandlungsmethoden für zweibeinige Patienten. Sogar Raumfahrtspezialisten setzen inzwischen auf Lehrer im braunen Pelz. So sieht die Europäische Weltraumagentur ESA den Braunbären als vielversprechendes Modelltier: Kann man nach seinem Vorbild eines Tages vielleicht auch Menschen in den Winterschlaf versetzen, ohne sie gleich auf extrem niedrige Temperaturen abkühlen zu müssen? Können Astronauten auf diese Weise zum Mars reisen und wieder zurück?

Schlafende Bären gelten als medizinische Zauberkünstler, von denen Ärzte nur zu gern etwas lernen würden. Die meisten ihrer Tricks haben die Tiere bisher aber für sich behalten.

Was nach Science-Fiction klingt, halten viele Forscher durchaus für eine spannende Idee. Bis es so weit ist, wird allerdings noch viel Zeit vergehen. Denn bisher hat der Geheimniskrämer auf vier Tatzen nicht einmal verraten, wie er sich überhaupt in die Winterruhe versetzt. Geschweige denn, was dann alles in seinem Körper vor sich geht. Der Insasse des gemütlichen Ameisenhaufens in Dalarna hat kein Interesse am Roten Planeten oder an einer Karriere als Medizinpionier. Er will nur schlafen. Bis zum Frühjahr.

Zurück im Leben

Wenn der Frühling kommt und der Schnee geschmolzen ist, gibt es auch wieder mehr zu fressen. Eine gute Gelegenheit, wieder ein paar verlorene Pfunde auf die Rippen zu bekommen.

RETTUNG FÜR DEN RÄUBER

Vor tausend Jahren war Europa noch ein Schlaraffenland für Bären – mit unendlichen Wäldern, von denen seither viele verschwunden sind. Seit sie weite Teile der alten Heimat verloren haben, sind Bären viel seltener geworden. Greifen Naturschützer ihnen ein wenig unter die Tatzen und halten sich die Jäger zurück, klappt eine friedliche Koexistenz aber auch im 21. Jahrhundert.

Heimatlos

Wenn der Bär im Frühjahr wieder aus seinem Ameisenhaufen im schwedischen Dalarna aufgetaucht ist, hat er gute Chancen, seinen knurrenden Magen bald mit einer kräftigen Mahlzeit zu besänftigen. Schließlich gibt es in Skandinavien noch ausgedehnte Wälder, in denen er sich seinen Lebensunterhalt wie in alten Zeiten verdienen kann. Solche Wälder hüllten einst die meisten Regionen Europas in ihr zumindest im Sommer grünes Kleid, auch wenn sie in jeder Gegend anders aussahen. Während im Norden Nadelbäume und Birken wachsen, gibt es in Mitteleuropa vor allem Buchen und viele andere Laubbäume. In den wärmeren Gebieten besteht das Reich der Bäume aus Eichen und etlichen anderen Gewächsen.

In diesen ausgedehnten Wäldern pflegten die Bären ihren eher zurückhaltenden und unauffälligen Lebensstil und konnten den Menschen gut aus dem Weg gehen, die sich eher auf den Lichtungen aufhielten. Vor allem aber fanden die Bären dort genug zu fressen und verschlangen im Herbst reichlich Bucheckern, Eicheln oder Kastanien und Nüsse, um ein dickes Speckpolster für den Winterschlaf aufzubauen. Ihren Nachbarn auf zwei Beinen gingen die Bären meist aus dem Weg, wie es ihre Mutter ihnen einst beigebracht hatte. So recht bekamen es die Bären vielleicht zunächst gar nicht mit, als immer mehr Menschen auftauchten, die ihre Wälder abholzten und stattdessen ihre Felder und Gärten anlegten. Mit den Wäldern aber mussten auch die großen Raubtiere schließlich viele Regionen Europas räumen.

Heute ist die Alte Welt in Bärenaugen nur noch recht dünn besiedelt und die Tiere haben sich oft in eher unwegsames Gelände zurückgezogen. So tappen durch die dichten Wälder der Karpaten im Osten Europas noch rund 8000 Braunbären, weitere 11 000 Tiere kommen in Russland und im Baltikum vor. Weitere 2500 Bären sind in Skandinavien zu Hause, ebenso viele streifen zwischen Slowenien und Griechenland durch die Berge und Schluchten des Balkans, Bulgarien steuert noch einmal 700 Bären bei. Sonst aber wird es einsam für die Bären Europas: In den Pyrenäen leben vielleicht noch 15 Bären, in der spanischen Provinz Asturien sind es 200, in den italienischen Abruzzen unweit von Rom tappen noch einmal 50 Braunbären durch die Wälder und in den italienischen Alpen gibt es vielleicht 30 weitere Tiere.

Am liebsten führen Bären weit weg von allen Menschen in ausgedehnten Wäldern ein einsames Leben, während die unter den Horizont sinkende Sonne ihre Schnauze noch einmal wärmt.

Zurück in die alte Heimat

Aufgegeben aber haben die Bären ihre alte Heimat keineswegs, manchmal kommt der eine oder andere von ihnen in das Land seiner Vorfahren zurück. Meist sind es junge Männchen, wie der „Ötscher-Bär“, dessen Geschichte vermutlich 1966 oder 1967 begann. Damals musterten hinter einer von der langen Winterruhe ziemlich abgemagerten Bärin die neugierigen Augen von zwei oder drei erst im Januar geborenen Jungbären die Karstberge an der Grenze zwischen Slowenien und Kroatien. Eineinhalb Jahre lang folgten sie ihrer Mutter auf Schritt und Tritt. In dieser Zeit lernten sie, welche Leckereien sich in der Natur verbergen und welche Gefahren dort lauern. Schließlich kann ein junger Bär ja noch nicht wissen, dass durchaus wehrhafte Bienen ihren leckeren Honig vehement verteidigen. Und wo man im Herbst die besten Beeren findet, um sich genug Winterspeck anzufressen, lernt man auch am schnellsten von der Mutter.

Nach 18 Monaten aber machte die Bärin ihren inzwischen recht stattlichen Jungen klar, dass der Lehrplan durch war und sie ab sofort auf eigenen Tatzen zu stehen hatten. Einer von ihnen nahm diesen Auftrag so ernst, dass er sich gleich ein komplett neues Refugium suchte. Nach endlosen Wandertagen schaffte er es 1972 bis 150 Kilometer vor Wien.

Dort hatte 1966 ein Jahrhundert-Föhnsturm in den nördlichen Kalkalpen in der Nähe des Ötscher 2500 Hektar Wald gefällt. Auf den Kahlflächen standen die Himbeeren jetzt voll im Saft. Außerdem gab es in der Gegend noch viel Wald, wenig Menschen und etliche Häuschen, aus denen Honigduft drang. Diesem schmackhaften Angebot konnte der Ötscher-Bär nicht widerstehen. Seit 1842 blieb zum ersten Mal wieder ein Bär im Herzen Österreichs. Tatzenspuren und so manches demolierte Bienenhäuschen, aber auch der Einbruch in das eine oder andere Waldarbeiterdepot und der Mundraub des schmackhaften Rapsöls für die Kettensägen verrieten den Bären rasch. Ansonsten aber lebte er 17 Jahre lang zurückgezogen und unauffällig am Ötscher. Und die Menschen lernten, mit dem Neuankömmling auszukommen: Elektrozäune unterbanden Mundraub aus Bienenhäusern, Futter und Rapsöl wurden außer Reichweite der Bärentatzen gelagert.

Als dann auch noch Naturschützer im damaligen Jugoslawien eine junge Bärin fingen und sie in der Nähe des inzwischen älteren Herrn aussetzten, fackelte der Ötscher-Bär nicht lange. Im folgenden Winter brachte die Bärin drei meerschweinchengroße Junge zur Welt. Zwei Jahre später folgte der zweite Wurf. Die Braunbären hatten ihre alte Heimat im Herzen Europas zurückerobert.

Die Schule der Bären

Geduldig bringt die Bärenmutter ihrem Nachwuchs alles bei, was die Kleinen in der Natur so brauchen. Sobald der Lehrstoff durch ist, macht sie ihnen klar, dass sie ab sofort auf eigenen Tatzen stehen und sich aus ihrem Revier trollen sollen.

Neue Heimat

Auf der Suche nach einem neuen Zuhause tappte einer dieser Jungbären nach dem Abschied von seiner Mutter in Slowenien bis zum 150 Kilometer von Wien entfernten Naturpark Ötscher.

Die Höfe und Wiesen der Menschen interessierten den Bären kaum. Erst unterhalb des schneebedeckten Ötscher-Gipfels fand der Jungbär seine neue Heimat, der er bis zum Ende seiner Tage treu blieb.

Familiengründung

17 Jahre blieb der inzwischen gar nicht mehr so junge Ötscher-Bär mangels Gelegenheit Junggeselle. Bis dann doch noch eine Bärin auftauchte und ihm prächtige Kinder schenkte, die bald ähnlich neugierig wie ihr Vater in seiner Jugend die Welt erkundeten.

Straßenkontrolle

Auf der Suche nach Fressbarem inspizieren Braunbären wie hier in Siebenbürgen in Rumänien auch schon mal einen Geländewagen.

Rapsöl-Mundraub

Meist merkten die Menschen gar nicht, dass in der Nachbarschaft wieder Bären lebten. Nur selten schlug eines der Tiere über die Stränge. So hatte sich Bärin Christl 1998 zur Spezialistin für Rapsöl-Raub entwickelt, kein Kanister in Österreich war vor ihr sicher. Nichts Böses ahnend aber tappte Christl eines Tages in eine Falle, die Naturschützer ihr gestellt hatten.

Was die Menschen mit ihr angestellt hatten, wusste die Bärin nicht mehr so genau, weil die Zweibeiner sie mit irgendwelchen Mitteln betäubt haben mussten. Langsam schüttelte Christl die Müdigkeit ab und wunderte sich nur ein wenig über die beiden Radiosender, die sie an einem Band um den Hals trug. Aber das störte sie erst einmal wenig. Viel wichtiger war der Bärin ihre wiedergewonnene Freiheit. Christl konnte ja nicht ahnen, dass die Radiosender ihren nächsten Rapsöl-Coup verraten würden. Dann sollten Spezialisten ausrücken und ihr zwar harmlose, aber schon ein wenig schmerzhafte Gummigeschosse auf ihren Pelz brennen. Der Plan war einfach: Wenn sich diese Erfahrung beim nächsten Übergriff auf einen Rapsöl-Kanister wiederholte, würde Christl schon irgendwann die Schnauze voll haben und sich stattdessen wieder Himbeeren oder Apfelbäumen zuwenden. Mit diesem „Vergrämen“ hatten Naturschützer schließlich schon einigen Bären ihre schlechten Angewohnheiten wieder abgewöhnt.

Bei Christl aber kam es nicht einmal zum Versuch, die Bärin tauchte unter. Sogar das für die Motorsägen der Waldarbeiter vorgesehene Rapsöl verschmähte das Tier auf einmal. Und beide Radiosender meldeten sich nicht mehr. Das konnte nicht mit rechten Dingen zugehen, den Experten schwante Übles. Tatsächlich hatte Christl sich nach ihrer Freilassung auf den Weg zu einer schmackhaften Rapsöl-Mahlzeit gemacht, als sie plötzlich einen lauten Knall hörte. Ein höllischer Schmerz schoss durch ihren Körper, der Bärin wurde schwarz vor den Augen und sie verlor das Bewusstsein. Die Befürchtungen waren berechtigt gewesen: Wilderer hatten die Bärin getötet und anschließend die beiden Radiosender zerstört.

Mundraub

In Österreich entdeckte eine Bärin eine recht verblüffende Leibspeise: Heißhungrig verschlang sie das Rapsöl, mit dem Waldarbeiter ihre Kettensägen schmieren wollten.

Der Beweis im Wohnzimmer

Djuro aber ahnte von diesem dramatischen Geschehen in seiner Nachbarschaft nichts. Das kräftige Braunbärenmännchen stand voll im Saft, den Menschen ging es aus dem Weg, was ihm fast immer gut gelang. Dann aber stieg ihm dieser herrliche Duft in die Nase, der eine schmackhafte Mahlzeit nach der langen Winterruhe besonders verlockend erscheinen lässt. Irgendwo dort drüben musste ein totes Wildschwein, ein Hirsch oder eine andere Delikatesse liegen. Dummerweise war auf dem Weg zur Schlemmerei allerdings ein Stacheldrahtzaun im Weg. Aber war dort nicht eine kleine Lücke, so sechzig Zentimeter hoch? Fürs Durchschreiten war das natürlich viel zu niedrig. Aber Djuro hatte einen Trick auf Lager und robbte einfach auf dem Bauch unten durch. Die paar Haarbüschel aus seinem Fell, die bei dieser Aktion am Stacheldraht hängen blieben, juckten den Bären kaum: Er wollte jetzt sein Festessen genießen.

Leider fiel die Beute allerdings deutlich schmäler aus, als Djuro sich das erhofft hatte. Der Bär konnte ja nicht ahnen, dass man ihn genau wie Christl in eine Falle gelockt hatte. Der tote Hirsch entpuppte sich jedenfalls als Mischung aus Fischköpfen, Schwänzen und Blut. Das Ganze hatten die Zweibeiner in einem Kanister zwei Wochen lang in der prallen Sonne stehen lassen. In deren Nasen stank eine solche Mischung abscheulich. Auf Djuro und andere Bären aber wirkte das Ganze wie eine Mischung aus dem Duft frisch gebackenen Brotes und einem dezenten Parfüm: einfach unwiderstehlich.

Ein wenig enttäuscht robbte Djuro sich daher wieder unter dem Stacheldraht hindurch – und wieder blieb ein Haarbüschel hängen. Das aber schnappten sich Wissenschaftler und nahmen davon einen genetischen Fingerabdruck, mit dem sie den Bären sicher identifizieren konnten. Nur wollten sie ihn nicht als Übeltäter überführen, sondern schlicht eine Volkszählung seiner Artgenossen starten: Da

Stachlige Falle

Robbt ein hungriger Bär unter einem Stacheldraht durch, hinter dem er sich eine leckere Mahlzeit erhofft, bleibt oft ein braunes Haarbüschel hängen. Daraus können Wissenschaftler einen genetischen Fingerabdruck gewinnen, mit dem sie den Bären überführen können.

Braunbären keinen festen Wohnsitz haben und eher im Verborgenen leben, müssen Naturschützer mit solchen Spurenanalysen möglichst alle Bären in einer Region eindeutig nachweisen. Zählen sie diese Individuen dann zusammen, erfahren sie, wie viele Exemplare überhaupt in einem Gebiet leben.

Diese Volkszählung aber deckte sich gut mit den Beobachtungen von Braunbär Djuro, der immer wieder einmal einen seiner Nachbarn auf vier Tatzen vermisste. Und wie Christl verschwanden tatsächlich jedes Jahr Bären aus Österreich: 1999 waren es sieben, 2001 und 2002 gingen jeweils zwei Bären verloren, 2003 tauchte die elffache Bärenmutter Mona unter. Ein Jahr später waren drei weitere Bären weg und 2007 noch einmal zwei. 2008 lebte dann nur noch die verbliebene Kleinfamilie von Vater Djuro und Sohn Moritz im Herzen Österreichs.

So viele Bären aber konnten nicht alle von Lawinen verschüttet oder einfach an Altersschwäche gestorben sein. Da mussten auch andere als nur natürliche Ursachen im Spiel sein. Welche das waren, wollte der Spezialist für große Raubtiere Felix Knauer von der Veterinärmedizinischen Universität Wien im Jahr 2007 herausfinden. Gerüchte führten ihn zu der Witwe eines Jägers, in deren Wohnzimmer sich tatsächlich ein ausgestopfter Braunbär fand.

Zumindest einer der aus Österreich verschwundenen Bären war also einer Kugel zum Opfer gefallen. Auch wenn die allermeisten Fälle wohl nie aufgeklärt werden dürften, deuten alle Indizien darauf hin, dass die Bären am Anfang des 21. Jahrhunderts aus dem gleichen Grund wie bereits 1842 in der Alpenrepublik ausstarben: Damals wie heute erlegten Geschosse aus Jagdgewehren die letzten österreichischen Bären. Auch Djuro und Moritz sind längst in die ewigen Jagdgründe der zotteligen Tiere eingegangen.

Auf der Suche nach etwas Fressbarem nimmt ein Bär Sonderangebote seiner menschlichen Nachbarn in Form eines Honigtopfs gern an.

Koexistenz auf vier Beinen

Wie in einem Brennglas zeigt Österreich so am Anfang des 21. Jahrhunderts die Probleme, vor denen die Braunbären Europas seit Jahrhunderten stehen und die auch heute immer wieder vor ihnen auftauchen: Verschwinden die Wälder, verlieren auch die Tiere ihre Heimat. Aber auch dort, wo es noch große Wälder gibt, müssen sie vor dem Feuer aus Jagdgewehren kapitulieren. Zumindest wenn die Jagd nicht durch strenge Artenschutzregeln reguliert wird.

In der heutigen Welt taucht rasch ein weiteres Problem auf: Längst stoßen die Bären in vielen Teilen Europas – abgesehen vom Norden Skandinaviens, den Weiten Russlands und einigen zerklüfteten und nur wenig besiedelten Gebirgszügen – rasch auf irgendwelche Zweibeiner, die ihr Vieh hüten, die Felder bestellen oder in größeren Siedlungen leben. Wie aber lassen sich Probleme vermeiden, wenn ein des Lesens unkundiger Bär die einschlägigen Gesetze ignoriert und sich am Eigentum seiner menschlichen Nachbarn vergreift? Die Antwort ist so einfach wie wirksam: Solche Übergriffe gilt es von vornherein zu verhindern. Da Bären am liebsten dort zugreifen, wo sie am einfachsten an Delikatessen herankommen, müssen die Eigentümer Bienenstöcke und Rapsöllager so gut schützen, dass der Bär den großen Aufwand scheut und sich eine einfachere Mahlzeit sucht.

Geschützte Bienen

In der spanischen Provinz Asturien schützen Imker ihre Bienenstöcke mit hohen Mauern vor Bären-Schleckermäulern.

Teamwork gegen Bär und Wolf

Natürlich brauchen auch bewegliche Wirtschaftsgüter wie Schafe und Ziegen einen guten Schutz. Wie der funktioniert, zeigen Hirten in Rumänien oder Bulgarien, wo der Bär nie verschwunden war. Traditionell verbrachten die Schäfer ihre Nächte dort gleich neben ihrer Herde in einem Bretterverschlag, in dem gerade genug Platz für ein Bett und – in jüngerer Zeit – für einen kleinen Fernseher gegen die Langeweile war. Die Tür blieb nachts offen, und sobald die Hunde anschlugen, rückten die Wächter den vierbeinigen Räubern mit Taschenlampen und Stöcken zu Leibe.

In den letzten Jahren aber machen Bären eine ganz andere und äußerst unangenehme Erfahrung, wenn sie sich nächtens an den Schafen vergreifen wollen. Lange bevor der Dieb auf vier Tatzen seine leichte Beute packen will, durchzuckt auf einmal ein peitschender Schmerz seinen Kopf. Offensichtlich droht von den dünnen Metalldrähten, die sein feuchtes Maul gerade berührt hat, eine unsichtbare, aber extrem schmerzhafte Gefahr. Eine solche Warnung aber ignoriert kein Bär, der Risiken ja möglichst vermeiden will. Also trottet er unverrichteter Dinge von dannen und meidet fortan blinkende Metalldrähte ähnlich wie der Teufel das Weihwasser. Seit die Hirten in den Karpaten ihre Herden mit Elektrozäunen schützen, holen Bären sich nur noch extrem selten ein Schaf. Und meist nutzen sie dann die Gunst der Stunde, wenn die Batterie gerade leer ist.

Erfahrung fürs Leben

Holt sich ein Bär einen harmlosen, aber äußerst unangenehmen elektrischen Schlag von einem solchen Zaun, macht er in Zukunft einen Riesenbogen um die dahinter weidende Schafherde.

Bären gehen Hunden meist aus dem Weg. Schließlich könnten sie den Kürzeren ziehen, sollten die Tiere einen Begleiter auf zwei Beinen haben, der mit einem Gewehr bewaffnet ist.

Schutz auf vier Pfoten

Wie aber funktioniert die friedliche Koexistenz, wenn die Herde zum nächsten Weidegrund wandert und nicht mit Elektrozäunen geschützt werden kann? In Bulgarien springt dann der Karakatschan ein. So nennt sich die bernhardinergroße Hunderasse, die dort die Herden bewacht. Diesen Job lernen schon die kleinen Welpen. Gesäugt werden sie nämlich nicht von ihrer leiblichen Mutter, sondern gleich in der Herde, die sie später schützen sollen. Ein Schaf, eine Ziege oder eine Kuh, die selbst gerade ihren Nachwuchs versorgt, wird nebenbei zur Amme und Ersatzmutter der Hunde. Da dauert es nicht lange und die Karakatschans empfinden die Herde als ihr Rudel. In den Augen der Hunde mag die Gruppe zwar recht groß sein und ihre Mitglieder mögen einen erstaunlich dicken Pelz und seltsame Hörner tragen. Aber mangels Alternativen passt man sich eben an diese ungewöhnliche Truppe an.

Die Tiere beherrschen ihren in vielen Jahrhunderten ausgefeilten Job perfekt: Ein paar Hunde sondieren vor der Herde, ob dort Wölfe oder Bären lauern, der Rest bildet die Nachhut und verhindert so Angriffe von hinten. Die Situation ändert sich schlagartig, wenn ein Bär Appetit auf Schaffleisch bekommt. Jetzt verteidigen die Karakatschans ihr vor allem aus Vegetariern bestehendes Rudel mit allen Kräften. Bis auf ganz wenige Ausnahmen, in denen die Hirten Fehler machen, wehren die Hunde solche Attacken erfolgreich ab. Der erfolglose Bär aber tut das, was er einst von seiner Mutter gelernt hat: Er sucht sich eine einfachere Beute. Am besten eine, die sich nicht wehrt, weil sie schon tot ist. Noch besser ist natürlich eine Vegetarier-Diät aus Beeren, Obst, Kastanien und Nüssen.

Nicht bei mir

Bewacht ein kräftiger Hund wie hier im rumänischen Siebenbürgen eine Schafherde, überlegt sich ein Bär einen möglichen Annäherungsversuch an die Tiere sehr genau.

Kirschen für Leckermäuler

Allerdings gibt es diese Leckereien vielerorts längst nicht mehr, weil die Menschen die Wälder gerodet haben, in denen die Bären im Sommer schmackhafte Beeren und im Herbst Eicheln, Bucheckern und andere Powersnacks fanden. So wie er das seit vielen Jahrtausenden getan hat, passt sich der Bär an diese Situation an und nimmt das, was er am einfachsten bekommen kann.

In Asturien im Norden Spaniens plündern die Tiere zum Beispiel Ende Mai gern die Kirschbäume der Bauern, weil sie in dieser Zeit sonst wenig Nahrhaftes finden. Ohnehin kommen die energiereichen Kirschen in dieser Saison gerade recht. Denn ein ausgewachsener Braunbär hat jetzt kaum Zeit zum Fressen, weil er eigentlich das Herz einer Bärin erobern will. Den interessierten Bärinnen geht es hungertechnisch ähnlich. Und die jungen Mütter haben alle Tatzen voll zu tun, um den Herren der Schöpfung aus dem Weg zu gehen und ihre im Winter geborenen, sehr gefräßigen Jungen zu versorgen. Leicht erhältliche Powersnacks sind also überall gefragt. Dummerweise aber sind viele Menschen in Spanien längst vom Land in die Stadt gezogen. An den Steilhängen pflanzen die Bauern oftmals keine neuen Kirschbäume mehr, während die alten Obstbäume unter der Last der Jahre zusammenbrechen.

Daher springen die Naturschutzorganisation FAPAS (Fondo para la Protección de los Animales Salvajes) und deren Präsident Roberto Hartasánchez ein: Unter der Devise „Frutas para el oso", also „Früchte für den Bären", hat die Organisation im lang gestreckten Valle de Trubia viele Tausend Kirschbäume gepflanzt, deren Früchte die Bären holen. Im späten Frühjahr ist die Ernährung also gesichert.

Landflucht

Ziehen die Bauern aus den Dörfern Asturiens in die Stadt, pflanzt niemand mehr Obstbäume, die Bären im Sommer liebend gern plündern.

Da bringt der schönste Naturpark in Asturien einem Braunbären wenig, wenn der Magen knurrt, aber weit und breit keine Kirschbäume stehen, deren Früchte er ernten könnte.

Bald zieht die Bärenmutter aus dem Kantabrischen Gebirge in die Täler, in denen spanische Naturschützer ihr und ihrem Nachwuchs Tausende von Bäumen gepflanzt haben, an denen leckere Kirschen reifen.

Holzfäller werden überboten

Nur müssen sich die Tiere auch im Herbst ihren Winterspeck anfressen. Normalerweise stopfen sie sich dann Eicheln und Esskastanien ins Maul, von denen sie in den ausgedehnten Wäldern an den Berghängen reichlich finden. Sobald aber die jungen Menschen die Täler verlassen, können deren Eltern allein die Felder, Obstgärten und Wälder nicht mehr bewirtschaften. Oft verkaufen sie dann ihre Bäume an Holzfäller – und der Bär verliert ein weiteres Restaurant.

Natürlich könnten die Naturschützer dort wieder neue Eichen und Esskastanien pflanzen. Bis die Bären dann aber wieder eine reiche Ernte fänden, würde es Jahrzehnte dauern. Also sichern FAPAS und ihr deutscher Partner EuroNatur den Eichel- und Maroni-Nachschub für die Bären mit einem anderen Trick: Sie überbieten einfach die Holzfäller. Wenn die Bauern sich verpflichten, die Kastanienbäume weitere fünfundvierzig Jahre beziehungsweise die Eichen noch einmal achtzig Jahre stehen zu lassen, bezahlen die Naturschützer einige Prozent mehr als die Holzfäller. Die Bauern verdienen so ein wenig mehr und können obendrein ihre Bäume behalten, die sie später an ihre Kinder vererben.

Reiche Ernte

Im Herbst schlagen Bären sich gern mit Esskastanien und Eicheln den Bauch voll und fressen sich so den Speck an, der sie den Winter über ernähren soll.

Bärenhunger

Werden die Kastanienbäume wie hier in der spanischen Provinz Asturien gerodet, fällt die Maroni-Ernte im Herbst aus und die Bären schieben Kohldampf.

Honig für den Bären

Fällt in manchen Jahren die Ernte von Esskastanien und Eicheln aus natürlichen Gründen schlecht aus, weichen die Bären gern auf Mais aus. Den wiederum bauen FAPAS und EuroNatur inzwischen ebenfalls als Kraftnahrung für die gefräßigen Vierbeiner an.

Noch lieber aber mögen die Schleckermäuler Süßigkeiten in Form von Honig. Um an diese Leckereien zu kommen, plündern sie gern Bienenhäuser und riskieren dabei natürlich etliche schmerzhafte Stiche. Wenn aber die Menschen sich aus dem Kantabrischen Gebirge mehr und mehr zurückziehen, fehlen bald auch die Imker mitsamt Bienen und Honig. Und wieder springen die Naturschützer von FAPAS ein: Sie pachten längst aufgegebene Gebirgshütten und Häuser in schwer zugänglichen Obstgärten und stellen dort Bienenstöcke auf. Diese konstruieren sie obendrein so, dass der Bär sie einfach plündern kann, ohne das Gehäuse zu zerstören. Denn die Naturschützer wollen nicht unbedingt jedes Jahr neue Gehäuse für das Projekt „Honig für die Bären“ schreinern.

Schließlich haben sie auch so schon alle Hände voll zu tun, um ihren Schützlingen eine vielversprechende Zukunft zu sichern. Wenn die Bären im Kantabrischen Gebirge manchmal auf ihren seit Urzeiten angestammten Wegen entlangtappen, lösen sie inzwischen häufig über Selbstauslöser Kameras aus. Mit solchen Fotofallen wollen die Naturschützer vor allem den Bestand der Bären und anderer Wildtiere schätzen. Allerdings tappen manchmal auch Zweibeiner in eine solche Kamerafalle. Auf einem Bild entdeckten die Naturschützer tatsächlich das Porträt eines mit einem Gewehr bewaffneten Mannes im Unterholz. Beamte der Umweltpolizei konnten diese Person prompt identifizieren, verhaften und der Wilderei überführen.

Bienenhäuser

Im verlassenen Bauernhof El Coronel in Asturien stellen spanische Naturschützer Bienenstöcke auf, an denen sich die Süßmäuler ohne großes Risiko den Bauch mit leckerem Honig vollschlagen können.

Die Bären ahnen von all diesen Bemühungen natürlich nichts. Aber sie bedanken sich für den Aufwand auf ihre Weise: Mit immer neuen braunen Wollknäueln, die vor allem im Westen des Kantabrischen Gebirges zu stattlichen Halbstarken heranwachsen.

EUROPÄER MIT ZUKUNFT

Auch wenn der Braunbär heute aus vielen Regionen Europas verschwunden ist, könnte er durchaus ein Comeback feiern. Denn vor allem die jungen Männchen sind ausgesprochen wanderlustig. Sich ein paar Hundert Kilometer von ihrer Kinderstube entfernt eine neue Heimat zu suchen, ist für sie kein Problem – zumindest wenn Menschen ihnen das Leben nicht unnötig schwer machen.

Zu neuen Ufern

Langsam nervt es. Wohin sich der junge Bär in diesen Tagen auch wendet, die Spuren seiner Artgenossen sind schon da. Er bekommt ihren Geruch nicht aus der Nase. Und all die Tatzenabdrücke, Kothaufen und Krallenkratzer sind auch nicht zu übersehen. Er weiß nicht, dass die Naturschützer das als Erfolg feiern. Dass es ein gutes Zeichen ist, wenn sich das einst auf nicht einmal hundert Tiere zusammengeschrumpfte Häuflein seiner Artgenossen im Norden Spaniens nun langsam wieder vermehrt. Für ihn ist nur klar: Er muss weg.

Wenn sich seine Schwestern auf die Suche nach einem eigenen Domizil machen, werden sie wohl eher in der Nähe bleiben. Irgendwo in der Nachbarschaft ihrer Mutter wird sich schon ein Plätzchen finden, an dem es sich gut leben lässt. Die Gegend hat sich schließlich bewährt. Sie kennen sich hier aus und wissen, was das Gelände zu bieten hat und wie die Nachbarn drauf sind. Wenn sie erst einen eigenen Wurf umtriebiger brauner Wollknäuel zu versorgen haben, kann das nur von Vorteil sein. Warum also endlos durch die Gegend marschieren, auf den bloßen Verdacht hin, dass es irgendwo noch besser sein könnte?

Für die halbstarken Männchen im braunen Pelz aber sieht die Sache anders aus. Sie werden sich keine Familie ans Bein binden und können daher unabhängiger agieren. Da hat die Fremde ihren Reiz. Wer weiß schon, was dort für Chancen auf einen unternehmungslustigen Jungbären warten: Irgendwo da draußen könnte es ja ein kulinarisches Schlaraffenland voll Obst und Honig geben, das die gefräßige Konkurrenz noch nicht entdeckt hat. Und vielleicht warten dort sogar Weibchen, denen man sich nähern kann, ohne mit den Attacken von älteren und stärkeren Rivalen rechnen zu müssen. Man wird sehen.

Ist hier jemand? Wenn Bären auf Wanderschaft gehen, können sie erschnuppern, ob ein vielversprechend aussehender Lebensraum schon von Artgenossen bewohnt ist.

Neue Gene, neue Chancen

Ohne sich noch einmal umzudrehen, verlässt der zweijährige Halbstarke seine Heimat im Westen des Kantabrischen Gebirges. Es ist wohl Zufall, dass er seine Schritte nach Osten lenkt. Er kann schließlich nicht ahnen, dass auch dort noch ein versprengtes Häuflein seiner Artgenossen lebt. Seit Anfang des 20. Jahrhunderts hatte es hier kaum noch Kontakt gegeben zwischen den Bären in Ost und West. Doch nun leben die alten Verbindungen allmählich wieder auf.

Denn auch schon vor ihm haben etliche Männchen aus dem Westen im Osten für Nachwuchs gesorgt. Das können Wissenschaftler im Erbgut der jungen Generation zweifelsfrei nachweisen. Und sie halten das für eine gute Nachricht. Denn mehr genetische Vielfalt bedeutet in der Regel auch bessere Überlebenschancen für die kleinen Reste des einst so großen europäischen Bärenbestands. Was sich im Kantabrischen Gebirge abspielt, ist also ein natürliches Rettungsprogramm auf Freiers Pfoten.

Vielleicht wird ja auch der junge Reisende, der gerade aufgebrochen ist, seinen Beitrag dazu leisten. Einen Versuch ist es allemal wert. Zumal er nicht weit zu laufen hat. Fünfzig bis hundert Kilometer werden genügen. Und das ist für einen Bären eher ein Spaziergang als eine ernst zu nehmende Wanderung.

Wobei er andererseits auch nicht endlos lange unterwegs sein will. Die Chancen, dass er sich eine Zukunft außerhalb Spaniens aufbauen kann, stehen daher eher schlecht. Dazu liegt das Kantabrische Gebirge dann doch zu weit weg von den europäischen Bären-Hochburgen. Die Vorfahren des jungen Wanderers haben hier wohl schon seit 500 Jahren ohne Kontakt zur auswärtigen Verwandtschaft gelebt – isoliert wie auf einer Insel. Da ist nicht zu erwarten, dass ausgerechnet er das ändern wird. So unternehmungslustig er auch sein mag.

Hallo Nachbarn!

Spaniens Braunbären sorgen in letzter Zeit wieder für mehr genetische Vielfalt in ihren Beständen. Der neu auflebende Kontakt zwischen den Tieren im Osten und im Westen des Kantabrischen Gebirges macht es möglich.

Nachschub aus Russland

In anderen Regionen Europas sind die Bande da traditionell enger. Zum Beispiel in den weiten Mooren und Wäldern Finnlands. Diese waren seit jeher ein echtes Bärenparadies – oder hätten es sein können, wenn dort nicht so viele Jäger unterwegs gewesen wären. Mindestens 9000 der massigen Raubtiere brachen dort zwischen den Jahren 1875 und 2000 von Kugeln getroffen zusammen, Mitte des 20. Jahrhunderts gab es nur noch etwa 150 Überlebende. Doch dann ging es wieder aufwärts. Und das hat mit Zuwanderern aus dem Osten zu tun.

Die Geschichte dieses Wiederanstiegs können Wissenschaftler im Erbgut der heutigen finnischen Braunbären nachlesen. Denn dort ist verzeichnet, dass die russische Grenze wohl nie so unüberwindlich gewesen ist, wie man vermuten könnte. Jedenfalls nicht für einen zu allem entschlossenen Braunbären-Casanova. Immer wieder müssen Männchen aus der russischen Republik Karelien hier eingereist sein – weitestgehend unbemerkt von menschlichen Augen, aber mit umso größerer Effektivität: Die Grenzgänger aus dem Osten haben mit den verbliebenen Finninnen auf vier Tatzen reichlich Nachwuchs gezeugt. Und dadurch haben sie ihren dem Aussterben entgegen taumelnden Artgenossen im Westen wieder auf die Beine geholfen. Noch weiter bis nach Norwegen oder Schweden sind sie allerdings wohl nicht gekommen. Dort haben sich die Braunbären offenbar aus eigener Kraft wieder erholt.

Die finnische Taiga bietet reichlich Lebensraum für Bären. Kein Wunder, dass Tiere aus Russland über die Grenze gekommen sind, um die massiv dezimierten Bestände wieder aufzufüllen.

Das Erbe von drüben

Nicht wenige Jungbären, die heute in Finnland geboren werden, haben russische Väter. Diesen wanderlustigen Männchen ist es wohl zu verdanken, dass die Art hier nicht ganz ausgestorben ist.

In den weitläufigen Mooren und Wäldern Skandinaviens finden die Nachkommen der finnisch-russischen Liaison genügend Unterschlupf und einen reich gedeckten Tisch voller Beeren und anderer Leckereien.

Wandernde Bären lassen sich auch von Straßen und Zäunen nicht unbedingt aufhalten. Allerdings stehen ihnen im heutigen Europa sehr viele Hindernisse im Weg. Das macht es ihnen oft schwer, einmal verwaiste Gebiete wieder zu besiedeln.

Ein Spion für Iwo

Dabei wäre es für einen Braunbären eigentlich kein Problem, von Finnland aus eines der Nachbarländer zu erreichen. Wenn einer der zotteligen, braunen Skandinavier ein neues Zuhause sucht, ist er im Durchschnitt 119 Kilometer unterwegs. Doch es gibt unter ihnen auch Männchen mit einem ausgesprochenen Faible für Fernreisen. So hat ein besonders freiheitsliebender Artgenosse mit einer Strecke von insgesamt 467 Kilometern Furore gemacht. Und auch in anderen Regionen Europas überwinden Braunbären immer wieder Hunderte von Kilometern. So wie Iwo.

Eigentlich hätte sich dieser agile Jungbär das seltsame Ding um seinen Hals am liebsten wieder abgerissen. Ein bisschen irritierend war es ja schon, es immer mit sich herumtragen zu müssen. Zumal er sich nicht daran erinnerte, wo es überhaupt hergekommen war. Er musste geschlafen haben – und als er wieder aufwachte, war es plötzlich da gewesen.

Andererseits störte es ja auch nicht weiter. Es gab nichts in seinem Bärenalltag, das er mit diesem Anhängsel nicht ebenso gut erledigen konnte wie ohne. Also ignorierte er seinen Begleiter für immer längere Zeiträume und vergaß ihn schließlich – nicht ahnend, dass er nun für zehn Monate rund um die Uhr unter wissenschaftlicher Beobachtung stehen würde. Erst dann würde der Sender planmäßig wieder abfallen, sodass Forscher von der Polnischen Akademie der Wissenschaften und vom Tatra Nationalpark ihn aufsammeln konnten. Dann würden sie exakt wissen, wo sich Iwo in der Zwischenzeit überall aufgehalten hatte.

Aus der Tatra in die Welt

Unbeeindruckt von diesem Eingriff in seine Privatsphäre machte sich der Jungbär im April 2015 daran, die Welt zu erkunden. Bis dahin hatte sie nur aus einem kleinen Teil des zu den Karpaten gehörenden Tatra-Gebirges in der Slowakei bestanden. Doch nun wurde sie zusehends größer. Dabei ließ es der Entdecker auf vier Pfoten erst einmal langsam angehen. Einige Monate nahm er sich Zeit, um ein paar Runden um das Gebiet zu drehen, in dem er aufgewachsen war. Fünf oder sechs Kilometer nahm er am Tag unter die Tatzen. Das ist für Tatra-Bären eine durchaus übliche Distanz, auch wenn man nicht auf der Suche nach einem neuen Zuhause ist.

Doch im nächsten Jahr packte Iwo endgültig die Wanderlust, und er verdoppelte seine Tagesstrecken. Von den Gebäuden und Siedlungen der Menschen hielt er sich weiter fern als seine sesshaften Artgenossen. Dafür überquerte er siebenmal so häufig die Staatsgrenzen. Bis zu vierzehnmal im Monat reiste er zwischen der Slowakei, Ungarn, Polen und der Ukraine hin und her – nicht ahnend, dass er die für ihn zuständigen Behörden und Naturschützer damit vor eine Menge Probleme stellte. Nicht nur, weil in jedem Land für ihn andere Gesetze und Schutzbestimmungen galten. Bei den zuständigen Behörden wusste man auch nicht so recht, wie man am besten zusammenarbeiten sollte, um einem solchen Grenzgänger gerecht zu werden. Doch das alles hielt Iwo nicht auf. Als er nach zehn Monaten den Spion um seinen Hals verlor, hatte er sich 360 Kilometer vom Ausgangspunkt seiner Reise entfernt. Und es ging ihm gut.

Das aber ist keineswegs selbstverständlich. Denn für große Raubtiere ist es durchaus gefährlich, in Europa unterwegs zu sein. Von zwanzig aktenkundigen Fernreisenden, deren Schicksal die polnischen Forscher verfolgt haben, haben nur zwei in ihrer neuen Heimat für Nachwuchs gesorgt. Mehr als die Hälfte der Wanderer aber starb, bevor es dazu kommen konnte.

Grenzgänger

Bären, die ihre Jugend in der Tatra verbracht haben, halten sich nicht an künstlich angelegte Grenzen. Ihre Wanderungen zwischen den Staaten machen Naturschützern und Verhaltensforschern die Arbeit nicht gerade leichter.

Echte Europäer

Von den Nationalparks der Slowakei ist es für Bären oft nur ein Katzensprung bis nach Polen, Ungarn oder in die Ukraine. Gelegenheit genug also, sich auch im Nachbarland einmal umzusehen.

In der Nähe der Rotwand in den Bayerischen Alpen fand Brunos Expedition nach Deutschland ein trauriges Ende. Nach langer Verfolgungsjagd wurde der „Problembär“ erschossen.

Problemfamilie

Die aus Slowenien stammende Bärin Jurka wurde nach Italien umgesiedelt und brachte dort im Laufe der Jahre fünf Junge zur Welt. Nicht nur Bruno, sondern auch einigen seiner Brüder hat sie eine gefährliche Sorglosigkeit im Umgang mit Menschen und deren Eigentum beigebracht.

Kein Happy End für Bruno

Eines der prominentesten dieser Todesopfer geisterte im Frühjahr 2006 wochenlang durch die Schlagzeilen. Bruno, alias „der Problembär", hielt mit seinen Eskapaden Behörden und Naturschützer, Wissenschaftler und Öffentlichkeit gleichermaßen in Atem. Und für ihn gab es kein Happy End.

Dabei hätte er das Zeug dazu gehabt, Naturschutzgeschichte zu schreiben. Immerhin war er nach mehr als 170 Jahren der erste seiner Art, der seine Tatzen wieder auf deutschen Boden setzte. Schon 1835 hatte ein Jäger den letzten Braunbären im bayerischen Ruhpolding zur Strecke gebracht. Nun aber schien eine Rückkehr der ausgerotteten Art in die Bayerischen Alpen durchaus möglich zu sein. Denn aus der italienischen Provinz Trentino hatte sich ein junges Männchen auf den Weg gemacht, um sich einen neuen Lebensraum zu suchen.

Das Tier mit dem offiziellen Namen „JJ1" war 2004 im Naturpark Adamello-Brenta in den Südalpen geboren worden – als Sohn von zwei slowenischen Braunbären, die Naturschützer zur Unterstützung der fast ausgestorbenen Population im Trentino angesiedelt hatten. Und wie viele seiner Geschlechtsgenossen packte das junge Männchen im Alter von etwa zwei Jahren die Wanderlust. Anfang Mai 2006 wurde es zum ersten Mal in Österreich gesichtet. Danach dauerte es nur noch gut zwei Wochen, bis es am 20. Mai auch die deutsche Grenze überquert hatte und im Kreis Garmisch-Partenkirchen auftauchte. Von da an streifte der Bär ruhelos durch das bayerisch-österreichische Grenzgebiet, ohne längere Zeit an einem Ort zu bleiben. Zwischen 15 und 18 Kilometern war er an den meisten Tagen unterwegs. Und von Diskretion schien er nicht besonders viel zu halten. Wie schon in Österreich fiel Bruno auch in Bayern unangenehm auf. Mal brach er Bienenstöcke oder einen Hühnerstall auf, mal überfiel er eine Herde, um seinen Appetit auf Schaffleisch zu stillen. Vor allem aber zeigte er nicht unbedingt die arttypische Scheu vor Menschen. Deshalb stufte ihn die Bayerische Staatsregierung als „Problembären" ein und gab ihn zum Abschuss frei.

Nach massiven Protesten der Öffentlichkeit sowie von Tier- und Naturschützern wurde diese Entscheidung allerdings zunächst ausgesetzt. Drei Wochen lang versuchten Experten, den Bären lebend zu fangen. Zum Einsatz kamen eine Spezialfalle aus den USA, ein Team von finnischen Bärenjägern mit eigens trainierten Hunden sowie ein Tierarzt und Narkosefachmann mit einem Betäubungsgewehr. Doch Bruno widersetzte sich allen Nachstellungen. Am 23. Juni wurde er daher erneut zum Abschuss freigegeben. Nur drei Tage später traf ihn auf einer Alm in der Nähe der Rotwand im Landkreis Miesbach die tödliche Kugel eines Jägers.

Sein Körper wurde präpariert und ist seit März 2008 im Schloss Nymphenburg in München zu sehen. Dort steht er im „Museum Mensch und Natur" neben dem Präparat seines 1835 geschossenen Vorgängers. Obwohl Brunos Geschichte also kein gutes Ende genommen hat, ist sie für Naturschützer doch ein Hoffnungsschimmer. Denn sie beweist, dass Braunbären durchaus in der Lage sind, auf eigenen Tatzen nach Deutschland zurückzukehren.

Viel Platz für Individualisten

Das gilt auch für viele andere Regionen Europas. Wissenschaftler schätzen, dass es auf dem gesamten Kontinent etwa 17000 wild lebende Braunbären gibt, die sich auf zehn Bestände in 22 Ländern verteilen. Und es könnte durchaus sein, dass die Tiere künftig noch weitere Teile ihrer ehemaligen Heimat zurückerobern werden. Platz genug gibt es jedenfalls für sie. Zu diesem Ergebnis kommen Forscher, die Europa aus der Bärenperspektive betrachtet haben: Wo gibt es genügend Futter für Feinschmeckerschnauzen, Abgeschiedenheit für Ruhebedürftige und Unterkünfte für Winterschläfer? Die Antworten auf diese Fragen lesen sich wie eine herzliche Einladung an die braunen Rückkehrer: Europaweit gibt es mehr als eine Million Quadratkilometer Land, die als Bärendomizil infrage kommen. Und 40 Prozent davon haben die Wanderer auf vier Tatzen bisher noch nicht wieder in Besitz genommen. Eine Fläche, die größer ist als Deutschland, wartet damit noch auf Rückkehrer. Rosige Aussichten, so scheint es.

Ein Jungbär, der sich vom Kantabrischen Gebirge in Spanien in Richtung der Pyrenäen auf den Weg macht, könnte unterwegs zum Beispiel im Baskenland einen sehr schönen Lebensraum finden. Das Gleiche gilt auch für einen Wanderer, der den italienischen Stiefel ansteuert und dort die Reize des Apennins entdeckt.

In Deutschland ist das Angebot an möglichen Bärendomizilen allerdings begrenzt. Es gibt in den Mittelgebirgen zwar durchaus Regionen, in denen sich die braunen Neuankömmlinge wohlfühlen würden. Die liegen allerdings so isoliert und so weit entfernt von den nächsten Artgenossen, dass die Tiere den Weg dorthin wohl kaum auf eigenen Pfoten finden werden. Besser sind die Chancen da in den deutschen Alpen. Schließlich träumen viele Naturschützer davon, dass die Tiere im Alpenbogen wieder einen stabilen Bestand aufbauen könnten. Und wenn das klappt, könnte auch wieder der eine oder andere Bär über die Grenze nach Deutschland kommen.

Aus Bärensicht bietet Europa noch genügend freie Lebensräume. Die Frage ist nur, ob die Tiere dort auch hinkommen. Und ob sie geduldet werden.

Konfliktvorbeugung

Allerdings kann der neue Lebensraum noch so perfekt sein: Ob die Neuankömmlinge ihn dauerhaft in Besitz nehmen können, liegt nicht allein in ihren Tatzen. Entscheidend ist vielmehr die Einstellung ihrer menschlichen Nachbarn. Denn natürlich wird es auch weiter Konflikte geben, wenn die Bären Felder und Bienenstöcke plündern oder Schafe reißen. Da ist Vorbereitung alles.

Noch bevor der erste Räuber auftaucht, muss klar sein, wie man ihm begegnet. Die Liste der wichtigen Fragen ist lang: Wo sind Zäune oder Herdenschutzhunde nötig? Wer bezahlt die? Wer bekommt unter welchen Umständen wie viel Schadenersatz, wenn ein Räuber im braunen Pelz über die Stränge schlägt? Wie kooperieren Nachbarländer am besten, wenn ein Tier die Staatsgrenzen überschreitet? Und wie geht man mit verhaltensauffälligen Bären um, die womöglich zur Gefahr für den Menschen werden können?

Dass man sie nicht einfach gewähren lassen kann, steht auch für die engagiertesten Naturschützer fest. Denn ein einziger Unruhestifter auf vier Tatzen kann genügen, um den Ruf seiner ganzen Art zu ruinieren. Und dann haben es weitere Neuankömmlinge im braunen Pelz umso schwerer, in ihrer potenziellen neuen Heimat akzeptiert zu werden. Wenn das Beispiel Österreich Schule macht, kann die erfolgreiche Rückkehr der Braunbären auch in anderen Regionen an unzufriedenen Zweibeinern und illegalen Abschüssen scheitern.

Achtung, Räuber!

Wenn Bären in der Nachbarschaft des Menschen und seiner Nutztiere auftauchen, ist Prävention gefragt: Je weniger Schaden die braunen Allesfresser anrichten, umso besser sind ihre Überlebenschancen.

Auch wenn Braunbären gern ihre Ruhe haben, bleiben sie nicht unbedingt fernab der Zivilisation. Immer wieder verlassen sie den Wald um auszukundschaften, ob es in der Nähe des Menschen etwas Fressbares gibt.

Von Brücken und Grenzen

Nicht immer ist es allerdings eine Kugel, die einem vielversprechenden Jungbären auf der Suche nach einem neuen Zuhause einen Strich durch die Rechnung macht. So mancher kommt erst gar nicht bis in die Region, die ihm womöglich eine glänzende Zukunft versprechen würde. Denn auf dem Weg dorthin warten lebensgefährliche Hindernisse.

So wird das Netz von Straßen und Bahnstrecken, das sich quer durch Europa zieht, immer engmaschiger. Oft führen die Trassen nun mitten durch Gebiete, auf denen Wildtiere seit Jahrtausenden unterwegs gewesen sind. Immer mehr Autos und Lastwagen sind auf immer breiteren Fahrbahnen unterwegs. Und längst nicht jeder Bär erkennt das als Gefahr. Entsprechend groß ist das Risiko, dass die braunen Wanderer überfahren werden.

An manchen besonders riskanten Stellen aber stoßen sie nun auf eine sichere Alternative. So wie der wanderlustige kroatische Jungbär, der eines Tages an der Autobahn zwischen den Städten Rijeka und Karlovac auftaucht. Dort gibt es seit einigen Jahren eine mit Pflanzen bewachsene Grünbrücke, auf der Wildtiere die Fahrbahn gefahrlos überqueren können. Erst steht der zottelige Reisende etwas irritiert vor dem Zaun, der ihn plötzlich am Weiterkommen hindert. Nachdenklich schaut er auf das breite Asphaltband, das sich dahinter durch die Landschaft schlängelt. Die zahllosen Autos und Lastwagen die in unterschiedlichen Geschwindigkeiten darauf entlangjagen, sehen auf den ersten Blick nicht sonderlich gefährlich aus. Und immer wieder tun sich ja auch Lücken dazwischen auf. Warum sollte er sich von diesen seltsamen Dingern aufhalten lassen?

Er würde es ja darauf ankommen lassen und irgendwie dazwischen durchschlüpfen. Wenn nur dieses Hindernis nicht wäre. Ob es eine Lücke hat? Langsam tappt er am Zaun entlang. Und nach einer Weile wird er tatsächlich fündig: Da führt ein Weg hinüber, sogar einer ohne Asphalt und Verkehr. Diese Einladung nimmt der braune Wanderer gern an – genau wie es etliche seiner Artgenossen vor ihm getan haben.

Bären mit Sendern um den Hals haben hier die Brücke überquert. Einige haben auch eine Infrarotschranke durchschritten und so eine Kamera ausgelöst. So wissen Forscher der Universität Zagreb nun genau, dass die Brücken von den Tieren auch angenommen werden. Nur zwei Mal ist ein Bär über den Zaun auf die Straße geklettert. Doch auch dem lässt sich wahrscheinlich mit Elektrodrähten ein Riegel vorschieben.

Verkehrsopfer

Straßen können für Bären lebensgefährlich werden. Vor allem auf ihren Wanderungen werden viele überfahren. An einigen europäischen Autobahnen gibt es immerhin spezielle Grünbrücken, auf denen Wildtiere sicher auf die andere Seite gelangen können.

Abgeschottet

Dieser Stacheldrahtzaun an der Grenze zwischen Kroatien und Slowenien soll eigentlich menschliche Migranten am illegalen Grenzübertritt hindern. Er steht aber auch wandernden Bären im Weg.

Allerdings ist nicht jeder Zaun aus Sicht eines wandernden Bären eine positive Errungenschaft. So hatten kroatische und slowenische Tiere jahrelang überhaupt keine Probleme, zwischen den beiden Nachbarländern hin und her zu kommen. Und diese Reisefreiheit tat den Beständen auf beiden Seiten der Grenze gut. Bis dann im Jahr 2015 menschliche Flüchtlinge über die Balkanroute nach Europa kamen. Die slowenische Regierung ließ daraufhin Grenzzäune errichten und vor den Nasen wanderwilliger Bären spannte sich plötzlich Stacheldraht. Zwar gelang es ihnen trotzdem noch, die eine oder andere Lücke zu finden, durch die sie ihren kräftigen Körper quetschen konnten, doch ob das in Zukunft so bleiben wird, ist ungewiss. Wenn die Grenzen Europas wieder undurchlässiger werden, ist das nicht nur für viele Menschen eine schlechte Nachricht. Sondern auch für unsere Bären.

Wenn wir Menschen ihnen die Chance dazu geben, können Braunbären in vielen Regionen Europas wieder heimisch werden und erfolgreich Nachwuchs aufziehen.

REGISTER

Bildnachweis

stock.adobe.com – (©): Vorsatz giedriius, Natureimmortal, Seite 3 Uryadnikov Sergey, 6/7 lucaar, 7 Mikhail Olykainen, 8/9 Antonioguillem, 10/11 Erik Mandre, 15 murmakova, 16/17 lucaar, 20/21 Pellinni, 23 Antonioguillem, 24/25 Uryadnikov Sergey, 26/27 DCrane Photography, 27 o. kristo74, 27 u. lucaar, 30–31 (2) Natureimmortal, 32–33 (3) egyjanek, 34 Juha Saastamoinen, 36–37 (2) Tomas Hulik, 38–39 (2) Ovidiu - Mihai Danca, 42/43 Uryadnikov Sergey, 44/45 Szymon Bartosz, 46–49 (4) Uryadnikov Sergey, 51 u. lucaar, 54/55 Erik Mandre, 56–59 (6) Uryadnikov Sergey, 60 Farinoza, 61–65 (10) Uryadnikov Sergey, 66–67 (4) Natureimmortal, 69 + 71–73 (3) Uryadnikov Sergey, 76/77 Erik Mandre, 77 Juha Saastamoinen, 78 u. l. Uryadnikov Sergey, 81 r. M. giedriius, 82/83 Erik Mandre, 84–85 (3) Uryadnikov Sergey, 86/87 SVEN, 88/89 Uryadnikov Sergey, 90 o. Karlos Lomsky, 90 u. Maciej Olszewski, 91 Erik Mandre, 94/95 Uryadnikov Sergey, 96/97 Kavita, 98/99 h368k742, 98 u. Nicola, 99 u. bennytrapp, 101 o. OFC Pictures, 102/103 Martin Rudlof, 104 o. l. olhastock, 104 u. r. marilyn barbone, 105 Erik Mandre, 107 Trudy Simmons, 108/109 Juha Saastamoinen, 110/111 David, 112/113 Erik Mandre, 116/117 jazzlight, 118/119 byrdyak, 121 raymond, 122/123 + 124/125 Uryadnikov Sergey, 126/127 mrr, 128/129 Photohunter, 130/131 Joseph Classen, 134–135 (2) imfotograf, 136/137 Uryadnikov Sergey, 137 giedriius, 138/139 Juha Saastamoinen, 140/141 ondrejprosicky, 142/143 Uryadnikov Sergey, 143 u. Jeremy, 144 o. Natureimmortal, 144/145 marteck, 146–147 (2) Natureimmortal, 148/149 Natureimmortal, 149 AK-DigiArt, 150/151 kristo74, 151 u. flori0, 152 k_e_n, 152/153 giedriius, 154/155 David, 155 h368k742, 156 bennytrapp, 157 taviphoto, 158/159 ondrejprosicky, 159 Kisa_Markiza, 160 u. Tomas Hulik, 160/161 Kavita, 162/163 JUAN CARLOS MUNOZ, 166 o. sagined, 166 u. Andrea Wilhelm, 167 M. JUAN CARLOS MUNOZ, 170/171 giedriius, 171 u. lucaar, 172/173 Uryadnikov Sergey, 175 Oren, 176–177 (3) JUAN CARLOS MUNOZ, 178/179 lucaar, 180–183 (4) Juha Saastamoinen, 186/187 mila103, 186 u. Michal, 187 u. darek_nowak16, 188 (2) prochym, 188/189 Michal, 190 u. Carsten Krueger, 190/191 Harald Biebel, 192/193 byrdyak, 194/195 ondrejprosicky, 196/197 Roman, 197 o. leonikonst, 188–189 (2) Ivan, 200 o. Mario Hagen, 200 u. + 201 Alexander Piragis, 202 u. Soru Epotok, 202–205 (2) Natureimmortal, Nachsatz Natureimmortal, mrr.

Alle übrigen Bilder von mauritius images, Mittenwald